测绘工程技术研究与应用

陈洁 著

延吉·延边大学出版社

图书在版编目（CIP）数据

测绘工程技术研究与应用 / 陈洁著. -- 延吉 : 延边大学出版社，2024. 9. -- ISBN 978-7-230-07128-4

Ⅰ. TB22

中国国家版本馆 CIP 数据核字第 2024F1X748 号

测绘工程技术研究与应用

著　　者：陈　洁
责任编辑：朱秋梅
封面设计：文合文化
出版发行：延边大学出版社
社　　址：吉林省延吉市公园路 977 号
邮　　编：133002
网　　址：http://www.ydcbs.com
E - m a i l：ydcbs@ydcbs.com
电　　话：0433-2732435
传　　真：0433-2732434
发行电话：0433-2733056
印　　刷：三河市嵩川印刷有限公司
开　　本：787 mm×1092 mm　1/16
印　　张：12.5
字　　数：190 千字
版　　次：2024 年 9 月　第 1 版
印　　次：2024 年 9 月　第 1 次印刷
ISBN 978-7-230-07128-4

定　　价：62.00 元

前　言

　　测绘技术是一项基础性工作，小到房屋建设、行程导航，大到地震监测、环境监测、卫星发射等，都少不了测绘。测绘在我国的科技与经济发展中发挥着非常重要的作用。在城市规划中，测绘人员通过对整个城乡的基本空间、地理状况进行地形测量，将不同比例尺的地形图数据提供给规划和设计单位进行合理的决策，从而提高测绘技术的科学性和实用性，促进城乡建设的快速、稳定发展。在地理信息系统的数据库建库过程中，测绘工作又能为专业信息系统提供及时、标准、准确、数字化的基础空间数据，实现对地理信息系统管理的标准化、信息化与科学化，使其应用于各个领域的基础平台以及地学空间的信息显示中，为空间预测、预报和决策提供辅助的数据信息。

　　为了进一步解析测绘技术，笔者基于多年对测绘知识的学习以及在实践中的运用，特撰写了《测绘工程技术研究与应用》一书。本书共六章，前五章分别介绍了测绘技术的基础知识、遥感技术分析及其应用、全球定位系统及其应用、地理信息系统及其应用、3S技术集成及其应用，第六章则主要探讨了测绘技术在土地资源利用与规划中的应用。本书具有循序渐进、浅显易懂的特点，旨在帮助读者掌握测绘技术基本理论，提升相关技术型人才对测绘专业的学习兴趣和专业自信心。

　　在撰写本书的过程中，借鉴了许多专家和学者的研究，在此表示衷心的感谢。本书涉及的内容十分宽泛，难免存在疏漏，恳请各位读者批评指正。

目　　录

第一章　测绘技术概述

第一节　测绘的起源与历史

测绘科学和技术（简称测绘学）是一门具有悠久历史和未来发展前景的学科，其内容包括测定或描述地球的形状、大小、重力场、地表形态以及它们的各种变化，确定自然和人工物体、人工设施的空间位置及属性，制成各种地图和建立有关信息系统。《中华人民共和国测绘法（2017 修订）》中将"测绘"描述为"对自然地理要素或者地表人工设施的形状、大小、空间位置及其属性等进行测定、采集、表述，以及对获取的数据、信息、成果进行处理和提供的活动"。

我国在 2000 多年前的夏商时代，为了治水就开始了实际的测量工作。对此，史学家司马迁在《史记》中对大禹治水有这样的描述："陆行乘车，水行乘船，泥行乘橇，山行乘檋，左准绳，右规矩，载四时，以开九州，通九道，陂九泽，度九山。"其中，"准"是古人用的水准器；"绳"是一种用于测量距离、引画直线和定平的工具，是最早的长度度量及定平工具；"规"是校正圆形的工具；"矩"是画方形的用具，也就是曲尺。这里所记录的就是当时勘测的情景。在山东省嘉祥县汉代武梁祠石室造像中，有拿着"矩"的伏羲和拿着"规"的女娲的石像，说明我国在西汉以前，"规"和"矩"是用得很普遍的测量仪器。早期的水利工程多为对河道的疏导，以利防洪和灌溉，主要的测量工作是确定水位和堤坝的高度。战国时期的李冰父子开凿的都江堰水利枢纽工程，用一个石头人来标定水位。当水位超过石头人的肩时，预示下游将受到洪水的威胁；当水位低于石头人的脚背时，预示下游将出现干旱。这种标定水位的办法，如同现今的水尺，是我国水利工程测量发展的标志。北宋科学家沈括主持进行了八百多里水准测量，测得京师（今河南省开封市）上善门的地面比泗州淮口高出十九丈四尺八寸六分，达到了厘米级的精度。1973年，湖南省长沙市马王堆汉墓出土的三幅帛地图（地形图、驻军图和城邑图），是轰动世界的惊人发现，是目前世界上发现的最早的古代地图，无论从地图的内容、精度，还是其艺术水平来说，都是罕有可比的。三幅帛地图的出土表明了我国的地图制图学在汉代就已经有了蓬勃的发展。再如，我国的地籍最早出现在原始社会崩溃、奴隶社会形成的时期，那时，土地已变成私有财产，因此有了调查和统计土地数量的需要。从秦朝、汉朝到唐朝，人口、土地和赋税都登记在一起，并以户籍登记为主；到了明清两代，政府对全国土地进行了大清查，编制了鱼鳞图册，与现今的地籍调查和地籍测量非常相似。

矿山测量是测绘发展的又一大成就。在国外，发现和保存有许多古代的矿山测量成果，如公元前15世纪的金矿巷道图。公元前13世纪埃及已经有了按比例缩小的巷道图。公元前1世纪希腊学者格罗·亚里山德里斯基已经对地下测量和定向进行了叙述。1556年，德国人格·阿格里柯拉撰写了《采矿与冶金》一书，该书论述了用罗盘测量井下巷道问题以及在开采过程中可能发生的一些几何问题。我国是世界上最早发展采矿业的国家。黄帝时期开始应用金属（如铜等），到周朝时金属工具已经得到了普遍应用，这说明当时的采矿业很发达。据《周礼》记载，周朝已设立了专门的采矿部门，而且在开采时还重视矿体形状，并使用矿产地质图辨别矿产的分布，这说明当时我国的矿山测量已经有了相当高的技术。

军事也促进了测绘的发展。例如，中国战国时期修筑的午道，公元前210年秦始皇修建的"堑山埋谷，千八百里"的直道，古罗马构筑的兵道，以及公元前218年欧洲修建的通向意大利的"汉尼拔通道"等，都是著名的军用道路，修建时都要应用测量工具进行地形勘测、定线和隧道测量。中国的长城，修建于秦汉时期,对于这样规模巨大的防护工程,从整体布局到修筑,都要进行详细的勘察测量工作,此类军事工程在一定程度上也促进了测绘的发展。

第二节　现代测绘技术的形成与发展

一、现代测绘科学的形成

电子技术、计算机技术、卫星定位技术的发展,促进了现代测绘科学的形成。现代测绘科学的特点主要体现在测绘仪器的发展和测绘理论的发展两个方面。

影响测绘仪器设备发展的因素不胜枚举,这里仅列举自 20 世纪以来对测绘仪器设备影响较大的几个方面。首先是电子技术与计算机技术,其次是激光技术、卫星定位测量技术、遥感技术、计算机辅助设计(Computer Aided Design,以下简称 CAD)技术、地理信息系统(Geographic Information System,以下简称 GIS)技术、数据库技术、计算技术、无线电通信技术、网络技术等。由此推动了光电测距仪、电子经纬仪、全站仪、各种激光测绘仪器、数字水准仪、全球卫星定位测量设备、机助制图系统等现代测绘仪器设备的设计与制造。正是这些现代测绘仪器的发展,使得古老的测绘学科发生了深刻的变革。

测绘理论的发展主要体现在三个方面:其一,测量平差理论的发展;其二,控制网优化设计理论的发展;其三,变形测量数据处理理论的发展。

测量平差理论的发展主要包括:平差函数模型误差、随机模型误差的鉴别或诊断;模型误差对参数估计的影响、对参数和残差统计性质的影响;病态方程与控制网及其观测方案设计的关系。监测网参考点稳定性检验,促进了自由网平差和拟稳平差的出现和发展。对观测值粗差的研究,促进了控制网可靠性理论，以及变形监测网变形和观测值粗差的可区分理论的研究和发展。针对观测值存在粗差的客观实际，出现了稳健估计（或称为抗差估计）；针对方程系数阵存在病态的可能性，发展了有偏估计。

控制网优化设计是 20 世纪六七十年代提出的研究，20 世纪 80 年代形成研究高潮。目前，控制网的优化设计方法主要有解析法和模拟法两种。解析法是一种基于优化设计理论构造目标函数和约束条件，求解目标函数的极大值或极小值的方法。一般将网的质量指标作为目标函数或约束条件。网的质量指标主要有精度、可靠性和费用，对于网的变形监测还包括网的灵敏度或可区分性。模拟法则是一种根据设计资料和地图资料在图上选点布网，获取网点近似坐标，根据仪器确定观测值精度、模拟观测值，计算网的各种质量指标（如精度、可靠性、灵敏度等）的方法。

变形观测数据处理理论包括：根据变形观测数据建立变形与影响因子之间的模型关系、变形几何分析与物理解释、变形预报。其传统的方法多采用回归分析的方法，以后又出现了灰色系统理论、时间序列分析理论、傅立叶变换方法、人工神经网络方法等。尤其需要指出的是，将系统论方法用于变形观测的分析，已被人们重视和研究。系统论方法涉及许多非线性科学的知识，如系统论、控制论、信息论、突变论、协同论、分形理论、混沌理论、耗散结构等。

二、现代测绘科学的发展趋势

现代测绘科学总的发展趋势为：测量数据采集和处理朝一体化、实时化、数字化方向发展；测量仪器和技术朝精密化、自动化、智能化、信息化方向发展；测量产品朝多样化、网络化、社会化方向发展。具体表现在以下几个方面：

（一）测（成）图数字化

地形图的测绘是测量的重要内容和任务。工程建设规模扩大、城市迅速发展以及土地利用、地籍测量方面的紧迫要求，都促使测绘工作缩短成图周期和实现成图自动化。

数字成图首先是测图，即野外数据采集、处理到绘图的数字化系统，整个系统形成一个数据流，而且是双向的，包括全站型仪器、卫星定位设备、计算机和数控绘图仪。数字成图的广义概念除了测图外，还包括形成各种专门用途的数字化图件，实际上是一个组合式的系统，包括测图系统和工程软件两个部分。前者主要是为了获得原始地形资料。后者可以生成彩色或单色的各种图件，如地形图、等高线图、带状平面图、立体透视图、纵横断面图、剖面图、地籍图、竣工图、地下管网图等；也可以进行工程量计算，如计算模型面积、体积及填挖方量等；还可以进行土地规划及工程设计。

（二）工业测量系统广泛应用

现代工业生产要求对生产的自动化流程、生产过程控制、产品质量检验与监测等工作进行快速、高精度的测点、定位，并提供工件或复杂形体的三维数字模型，这是传统的光学、机械等工业测量方法所无法完成的，因此测绘学科的工业测量系统便应运而生。工业测量系统是指以电子经纬仪、全站仪、数码相机等为传感器，在计算机控制下，完成工件的非接触实时三维坐标测量，并在现场进行测量数据的处理、分析和管理的系统。目前，工业测量系统有经纬仪测量系统、全站仪极坐标测量系统、激光跟踪测量系统和数字摄影测量系统等。与传统的工业测量方法相比，工业测量系统在实时性、非接触性、机动性和与 CAD/CAM（计算机辅助设计/计算机辅助制造）连接等方面具有突出的优点，因此，在工业界得到了广泛的应用。随着电子经纬仪向高精度和自动化方向的发展以及激光干涉测量技术和数字摄影测量技术的应用，出现了许多商用的工业三维坐标测量系统，它们在航空航天工业、汽车工业、造船工业、电力工业、机械工业和核工业等行业和部门得到了极大的推广和应用。

（三）施工测量的自动化和智能化

施工测量的工作量大，现场条件复杂，因此施工测量的自动化、智能化是人们期盼已久的目标。由全球定位系统（Global Positioning System，以下简称GPS）和智能全站仪构成的自动测量和控制系统，在施工测量自动化方面已迈出了可喜的一步。例如，我国自行开发的利用多台自动目标照准全站仪构成的顶管自动引导测量系统，已在地下顶管施工中发挥了巨大的作用。该系统利用4台自动目标照准全站仪，在计算机控制下按照自动导线测量方式，实时测出机头的位置并与设计坐标进行比较，在不影响顶管施工的情况下实时引导机头走向正确的位置。

（四）工程测量仪器和专用仪器的自动化

精密角度测量仪器已经发展到用光电测角代替光学测角。光电测角能够实现数据的自动获取、改正、显示、存储和传输，测角精度与光学仪器相当并有超过趋势，如 T2000、T3000 电子经纬仪采用动态测量原理。电动机驱动的电子经纬仪和目标自动识别功能实现了目标的自动照准。

精密工程安装、放样仪器中，全站式电子速测仪的发展最为迅速。全站仪不仅具有测角和电子测距的功能，而且具有自动记录、存储和运算能力，有很高的作业效率。在完善的硬件条件下，全能型全站仪包含丰富的软件设备，可实现地面控制测量、施工放样和大比例尺碎部测量的一体化，同时，还具有菜单提示和人机交互操作功能。

精密距离测量仪器的精度及自动化程度越来越高。干涉法测距精度很高，例如，欧洲核电中心（CERN）在美国 HP5526A 激光干涉仪上，设计了有伺服回路控制的自准直反射器系统，实测 60m 以内距离误差小于 0.01mm；瑞士与英国联合生产的 ME5000 电磁波测距仪，采用氦氖（He-Ne）红色激光束，单镜测程达 5km。高精度定向仪器，即陀螺经纬仪，也在自动化观测方法上取得了较大进步。陀螺经纬仪采用电子计时法，定向精度从 ±20" 提高到 ±4"。新型陀螺经纬仪由微处理器控制，可以自动观测陀螺连续摆，并能补偿外部干扰，因此，定位时间短、精度高。例如，德国生产的 Gyromat2000 陀螺经纬仪只需 9min 观测，就能获得 0.3" 的精度。目前，陀螺经纬仪正在向高精度和激光可见方向发展。

精密高程测量仪器，采用数字水准仪，实现了高程测量的自动化。例如，Leica、TopCon 等全自动数字式水准仪和条码水准标尺，利用图像匹配原理实现自动读取视线高和距离，测量精度最高可达到每千米往返测高差均值的标准差为 0.2mm，测量速度比常规水准测量快 30%；德国 REN002A 记录式精密补偿器水准仪和 Telamat 激光扫平仪实现了几何水准测量的自动安平、自动读数和记录、自动检核，为高程测量和放样提供了极大的方便。用于应变测量、准直测量和倾斜测量等需要的专用仪器，包括直接使用的各种传感器以及用机械法和激光干涉法的精密测量应变的仪器，如欧洲核子中心研制的 Distinvar 是精密机械法测距的装置，精度达 0.05mm。

1.特种精密工程测量

为了保证各种大型建设工程的顺利进行，测绘人员需要进行特种精密工程测量。特种精密工程测量的特点是把现代大地测量学和计量学结合起来，使用精密测量和计量仪器，达到 1.06 mm 以上的相对精度。

大型精密工程不仅结构复杂，而且对测量精度要求很高。例如，研究基本粒子结构和性质的高能粒子加速器工程，要求安装两个相邻电磁铁的相对径向误差不超过 ±（0.1～0.2）mm，在直线加速器中漂移管的横向精度为 0.05～0.3mm。要满足这样高的精度，必须开展一系列的研究工作，包括选择最优布网方案、埋设最稳定标志、研制专用的测量仪器、采用合理的测量方法、进行数据处理和建立数据库等。

2.工程测量数据处理自动化

随着测量仪器的发展，一方面，仪器精度的提高，使许多一般性的工程测量问题变得简单；另一方面，又因获得的信息量很大，对数据动态处理和解释的要求提高，从而对结果的可靠性和精度要求也大大提高。特别是大型建筑和工业设备的施工、安装、检校、质量控制以及变形测量等工作，要求测量工作者除了具有丰富的经验外，还应在测量技术方案设计、仪器方法选择等方面，与相邻学科（如地球物理、工程地质和水文地质）的专业技术人员密切合作，并且在研究和制定恰当的数据处理方法及计算机软件等方面，具有丰富的专业知识和独立工作的能力。

随着计算机技术的发展，测量数据的处理正逐步走向自动化。主要表现在对各种控制网的整体平差、控制网的最优化设计和变形检测的数据处理和分析等方面。使测量工作者能够更好地使用和管理海道测量信息的最有效途径，是建立测量数据库，或与 GIS 技术结合建立各种工程信息系统。目前，许多测量部门已经建立了各种用途的数据库和信息系统，如控制测量数据库、地下管网数据库、道路数据库、营房数据库、土地资源信息系统、城市基础地理信息系统、军事工程信息系统等，为管理部门实现信息、数据检索与管理的科学化、实时化和现代化创造了条件。

3.摄影测量和遥感技术

摄影测量是用量测相机或非量测相机对目标摄影解析出空间坐标的测量方式，它是通过直接线性变换法获得的，不必进行常规的相片内外方位定向。测量工作者根据这些点位的空间坐标，绘画出目标的等值线图及其状态。摄影测量的应用范围非常广泛，可应用于文物、考古、园林、环境保护、医学等。例如，园林部门借助测绘单位的技术力量和设备，绘制了大量园林古建筑图，并且得到了建筑学家和文物专家的认可。近景摄影测量技术被认为是测绘文物古迹和古建筑的高效、优质的好方法。

近景摄影测量发展的趋势，趋向于发展非测量摄影机和数码相机，因为其使用方便且价格便宜。测量摄影机则向全能自动化方向发展。实时摄影测量是利用面阵摄影机直接将影像数字化，运用模数转换器和数字图像处理器的数字摄影测量技术，将其应用于近景摄影测量有独特的优点，如图像稳定性强、处理周期短、获取地理空间坐标快、价格便宜等，在制造工业、医学、天文学和机器人制造领域获得了广泛的应用。

4.GPS 定位测量

GPS 定位技术是近代迅速发展起来的卫星定位新技术，在全世界范围内得到了广泛的应用。用 GPS 进行测量有许多优点：精度高，作业时间短，不受时间、气候条件和点间通视的限制，可以在统一坐标系中提供三维坐标信息等。因此，GPS 在测量中有着极广的应用。例如，在城市控制网和工程控制网的建立与改造中已普遍应用 GPS 定位技术，在石油勘探、高速公路、通信线路、地下铁路、隧道贯通、建筑变形、大坝监测、山体滑坡、地壳形变监测等方面也已广泛使用 GPS 定位技术。

随着差分全球定位系统（Differential Global Positioning System，简称 DGPS）和实时动态载波相位差分技术（Real - Time Kinematic，以下简称 RTK）的发展，出现了 GPS 全站仪的概念，测量工作者可以利用 GPS 进行施工放样和碎部点测量，在动态测量中 GPS 也有着极为广泛的应用，从而进一步拓宽了 GPS 在测量中的应用前景。GPS 与其他传感器（如带有电荷耦合器件图像传感器的数码相机，即 CCD 相机）或测量系统的组合，解决了定位、测量和通信的一体化问题，已成功地应用于快速地形测绘。高精度 GPS 实时动态监测系统实现了大坝变形监测的全天候、高频率、高精度和自动化，是大坝外部变形观测的一个发展方向。

5.三维激光扫描技术

三维激光扫描技术，也称为三维激光成图系统，主要由三维激光扫描仪和系统软件组成。其工作目标是快速、方便、准确地获取近距离静态物体的空间三维坐标模型，利用软件对模型进行进一步的分析和数据处理。三维激光扫描技术是近十年发展起来的一项新兴的测量技术，具有精度高、测量方式灵活方便的特点，特别适合建筑物的三维建模、大型工业设备的三维模型建立和小范围数字地面模型的建立等，其应用前景非常广。

第三节　测绘技术的地位与作用

一、测绘技术的地位及与其他学科的关系

　　测绘的发展，与现代科学技术的发展水平和速度、人类社会改善生活和工作环境所进行的生产活动、现代军事的要求和军事活动密切相关。测绘技术的发展已经突破了原来的为土木工程服务的狭窄概念，而朝着更广义的方向发展，是研究并提供地表上下及周围空间建筑和非建筑工程几何物理信息和图形信息的应用技术。几乎一切高科技发展的成就，都可以用来解决精密复杂的测量课题。而测绘学科也不是一门单一的学科，而是与许多其他学科互相渗透、互相补充、互相促进的技术学科。一方面，它需要运用摄影与遥感、地图制图、地理学、环境科学、建筑学、力学、计算机科学、人工智能、自动化理论、计量技术、电子工程和网络技术等新技术、新理论，以解决测量中的难题，丰富自身内容；另一方面，通过在测量中的应用新技术、新理论，可以使这些新的科学成就更富有生命力。例如，空间定位技术在工程建设部门得到了极为广泛的应用；地理信息系统和遥感技术应用于工程勘探、资源开发、城市和区域专用信息管理系统及工程管理信息数据库；固态摄影机使"立体视觉系统"迅速发展，应用到三维工业测量系统中；机器人技术应用于施工测量自动化；传感器技术和激光技术、计算机技术促进了测量仪器的自动化等。由此可见，这些新技术、新理论不断充实着测绘学科，成为测绘学不可缺少的内容，同时，也促进了这些学科本身的发展和应用。

二、测绘技术在国家经济建设和发展中的作用

（一）城乡规划和发展离不开测绘

我国城乡面貌正在发生日新月异的变化，城市和村镇的建设与发展，迫切需要相关部门加强规划与指导。而搞好城乡建设规划，首先要有现实性好的地形图，提供城市和村镇面貌的动态信息，以促进城乡建设的协调发展。

（二）资源勘察与开发离不开测绘

地球蕴藏着丰富的自然资源，需要人们去开发。勘探人员在野外工作，从确定勘探地域到最后绘制地质图、地貌图、矿藏分布图等，都需要用到测绘技术。随着技术的发展，重力测量还可以直接用于资源勘探，如根据测量取得的地球重力场数据分析地下是否存在矿藏。

（三）交通运输、水利建设离不开测绘

铁路公路的建设从选线、勘测设计到施工建设，都离不开测绘。大中型水利工程也是先在地形图上选定河流渠道和水库的位置，划定流域面积、流量，再测得更详细的地形图，作为河渠布设、水库及坝址选择、库容计算和工程设计的依据。我国修筑了无数条公路、铁路，建造了数不清的隧道，架设了万千座桥梁。如知名的康藏公路、兰新铁路、成昆铁路、京九铁路、青藏铁路等，都是巨大而艰难的工程。为了保证工程建设的顺利进行，测绘工作者进行了线路测量、曲线放样、桥梁测量、隧道控制测量和贯通测量等精密而细致的测量工作。在水利建设方面，我国无数条大小河流上建设了成千上万座水库、水坝、引水隧洞、水电站工程。例如，举世瞩目的长江三峡工程、长江葛洲坝工程、黄河小浪底工程和刘家峡、万家寨工程等，都是大型的拦洪蓄水、发电、灌溉的水利枢纽工程。这些工程不仅在清理坝基、浇灌基础、树立模板、开凿隧洞、建设厂房与设备安装中进行多种测量，而且建成后还要进行长期的变形观测，

以监测大坝的安全。

（四）国土资源调查、土地利用和土壤改良离不开测绘

建设现代化的农业，需要进行土地资源调查，摸清土地"家底"，而且还要充分认识各地区的具体条件，进而制定出切实可行的发展规划。测绘为这些工作提供了有效的保障。测绘中使用的地形图，能反映地表的各种形态特征、发育过程、发育程度等，对土地资源的开发利用具有重要的参考价值；测绘中使用的土壤图，表示各类土壤及其在地表的分布特征，能为土地资源评价和估算、土壤改良、农业区划提供科学依据。

（五）科学实验、高技术发展离不开测绘

发展空间技术是一项庞大的系统工程，要成功地发射一颗人造地球卫星，先要精心设计、制造、安装、调试、轨道计算，再进行发射。如果没有测绘保障，就很难确定人造卫星的发射坐标点和发射方向以及地球引力场对卫星飞行的影响等，因而也就不能将人造卫星准确地送入预定轨道。高能物理电子对撞机是重大高技术项目，它要求磁铁安装误差要小于 0.1mm，直线加速器真空管的准直精度要求也很高，世界上只有少数国家能够完成。1989 年，我国实现了一次电子对撞成功。如果没有高精度的测量，实现电子对撞成功几乎不可能。测绘对国家建设和国民经济发展具有重大作用，其服务领域也在不断地拓展。除了传统工程建设中的三阶段测量工作及土地资源调查外，地震观测、海底探测、大型工业设备安装与荷载试验、采矿、军事、医学、考古、环境、体育运动、罪证调查和科学研究等，也在应用测绘的理论、技术和方法。

第二章　遥感技术及其应用

第一节　遥感概念与分类

一、遥感的概念

遥感是 20 世纪 60 年代在航空遥感和影像判读的基础上，随着航天技术和电子计算机技术的发展而逐渐形成的一门综合性的探测技术。

遥感，简称 RS，来源于英文 Remote Sensing，即"遥远的感知"。

广义的"遥感"，泛指从远处探测、感知物体与事物的技术，即不直接接触物体本身，从远处通过仪器探测和接收来自目标物体的信息（如电场、磁场、电磁波、地震波等信息），经过信息的传输、处理及分析，识别物体的属性及其分布等特征的技术。在实际工作中，只有电磁波探测属于遥感的范畴。狭义的"遥感"是指从远距离、高空，以至外层空间的平台上，利用可见光、红外、微波等遥感器，通过摄影、扫描等各种方式，接收来自地球表层各类地物的电磁波信息，并对这些信息进行加工处理，从而识别地面物质的性质和运动状态的综合技术。简而言之，遥感就是从远距离感知目标物反射或自身辐射的电磁波信息，对目标进行探测和识别的技术。

太阳作为电磁辐射源，它所发出的光也是一种电磁波。太阳光从宇宙空间到达地球表面，须穿过地球的大气层。太阳光在穿过大气层时，会受到大气层对太阳光的吸收和散射影响，因而使透过大气层的太阳光能量衰减。但是，大气层对太阳光的吸收和散射影响会随太阳光的波长而变化。地面上的物体也会对由太阳光所构成的电磁波产生反射和吸收。每种物体的物理和化学特性以及入射光的波长不同，因此，它们对入射光的反射率也不同。各种物体对入射光进行反射的规律叫作物体的反射光谱。对反射光谱进行测定，可以得知物体的某些特性。任何物体都具有光谱特性，具体地说，它们都具有不同的吸收、反射、辐射光谱的性能。在同一光谱区各种物体反映的情况不同，同一物体对不同光谱的反映也有明显差别。即使是同一物体，在不同的时间和地点，由于太阳光照射角度不同，反射和吸收的光谱也各不相同。遥感技术就是利用遥感器监测地物目标的光谱特征，并将特征记录下来，对物体做出判断。因此，遥感技术主要建立在物体反射或发射电磁波的原理基础上。

二、遥感的分类

遥感的分类方法有很多，主要从以下方面进行划分：

（一）根据遥感平台的不同进行划分

遥感平台是遥感过程中承载遥感器的运载工具。根据遥感平台的不同，遥感可分为地面遥感、航空遥感和航天遥感。

地面遥感，即把传感器设置在地面平台上，如车载、船载、手提、固定或活动高架平台等，是遥感的基础。

航空遥感，又称机载遥感，传感器设于航空器上，主要是利用飞机、气球等对地球表面进行遥感，其特点是灵活性大、影像清晰、分辨率高，并且历史悠久，已形成较为完整的理论和应用体系。

航天遥感，又称星载遥感，传感器设置于环绕地球的航天器上，主要利用人造地球卫星、航天飞机、空间站、火箭等对地球进行遥感，其特点是成像精度高、宏观性好、可重复观测、影像获取速度快、不受自然条件的影响。

（二）根据遥感器记录方式的不同进行划分

根据遥感器记录方式的不同，遥感可分为成像遥感与非成像遥感。

成像遥感是指能够获得图像信息方式的遥感。根据其成像原理，可分为摄影方式遥感和非摄影方式遥感。一般说来，摄影方式遥感是指利用光学原理摄影成像的方法获得图像信息的遥感，如使用多光谱摄影机进行的航空和航天遥感。非摄影方式遥感是指用光电转换原理扫描成像方法获得图像信息的遥感，如使用红外扫描仪、多光谱扫描仪、侧视雷达等进行的航空和航天遥感。

非成像遥感是指只能获得数据和曲线记录的遥感，如使用红外辐射温度计、微波辐射计、激光测高仪等进行的航空和航天遥感。

（三）根据遥感器工作方式的不同进行划分

根据遥感器工作方式的不同，遥感可分为主动遥感与被动遥感。

主动遥感，也称有源遥感，是指从遥感平台上的人工辐射源向目标发射一定形式的电磁波，再由遥感器接收和记录其反射波的遥感系统，如雷达就属于主动遥感。

被动遥感，也称无源遥感，指传感器不朝被探测的目标物发射电磁波，而是直接接收来自地物反射自然辐射源（如太阳）的电磁辐射或自身发出的电磁辐射而进行的探测。目前，主要的遥感方式是被动遥感。

（四）根据传感器探测波段的不同进行划分

根据常用的电磁波谱段的不同，遥感分为紫外遥感、可见光遥感、红外遥感和微波遥感。

紫外遥感，对探测波长为 $0.05\sim0.38\mu m$ 的电磁波的遥感。

可见光遥感，对探测波长为 $0.38\sim0.76\mu m$ 的电磁波的遥感，是应用比较广泛的一种遥感方式，一般采用感光胶片（图像遥感）和光电探测器作为感测元件。可见光遥感具有较高的地面分辨率，但只能在晴朗的白昼使用。

红外遥感，对探测波长为 $0.76\sim1000\mu m$ 的电磁波的遥感，又可以分为以下三种：近红外遥感，波长为 0.76~1.5μm，用感光胶片直接感测；中红外遥感，波长为 1.5~5.5μm；远红外遥感，波长为 5.5~1000μm；中远红外遥感通常用于遥感物体的辐射，具有昼夜工作的能力。

微波遥感，对探测波长为 1~1000mm 的遥感。微波遥感具有昼夜工作的能力，但空间分辨率低。雷达是典型的主动微波系统，常采用合成孔径雷达作为微波遥感器。

（五）根据遥感的波段宽度及波谱的连续性进行划分

根据波段的宽度及波谱的连续性的不同，可以将遥感分为高光谱遥感、多光谱遥感和常规遥感。

高光谱遥感，是指使用成像光谱仪遥感器将电磁波的紫外、可见光、近红外和中红外区域分解为数十至数百个狭长的电磁波段，并产生光谱连续的图像数据的遥感技术。

多光谱遥感，利用多通道遥感器（如多光谱相机、多光谱扫描仪）将较宽波段的电磁波分成几个较窄的波段，通过不同波段的同步摄影或扫描，分别取得几张同一地面景物、同一时间的不同波段影像，从而获得地面信息的遥感技术。

常规遥感，又称宽波段遥感，波段宽一般大于 100mm，且波段在波谱上不连续。

（六）根据遥感应用领域的不同进行划分

在大的研究方面，遥感可以分为外层空间遥感、大气层遥感、陆地遥感、海洋遥感等。按其具体应用领域分类，可分为环境遥感、大气遥感、资源遥感、海洋遥感、地质遥感、农业遥感、林业遥感等。

环境遥感是指利用遥感技术探测地球表层环境的现象及其动态。

大气遥感是指仪器不直接和某处大气接触，在一定距离以外以测定某处大气的成分、运动状态和气象要素值为目的。

资源遥感是以地球资源的探测、开发、利用、规划、管理和保护为目的。

海洋遥感是以获取海洋景观和海洋要素的图像或数据资料为目的。

地质遥感是综合应用现代遥感技术来研究地质规律，进行地质调查和资源勘察。

农业遥感是指利用遥感技术进行农业资源调查、土地利用现状分析、农业病虫害监测、农作物估产等。

林业遥感是指利用遥感技术进行资源清查与监测、火灾监测预报、病虫害监测、火灾评估等。

第二节　遥感技术系统与特点

一、遥感技术系统

遥感技术系统一般由四部分组成：遥感平台、遥感器、遥感数据接收与处理系统和遥感资料分析与解译系统。其中，遥感器是遥感技术系统的核心部分。

（一）遥感平台

在遥感中搭载遥感器的工具称为遥感平台，它既是遥感器赖以工作的场所，也是遥感中"遥"字的具体表现。遥感平台的运行特征及其姿态稳定状况直接影响遥感器的性能和遥感资料的质量。目前，遥感平台主要有飞机、火箭和卫星等。

（二）遥感器

遥感器是收集、探测、记录和传送目标中反射或辐射来的电磁波的装置。

实际上，不与物体直接接触，便能得知物体的属性情况的仪器设备或器官都是遥感器。例如，眼、耳、鼻等遥感器官，摄影机、摄像机、扫描仪、雷达、成像光谱仪、光谱辐射仪等遥感器。

遥感器能把电磁辐射按照一定的规律转换为原始图像。原始图像被地面站接收后，经过一系列复杂的处理，才能提供给不同的用户使用，才能用这些处理过的影像开展自己的工作。针对不同的应用和波段范围，人们已经研究出很多种遥感器，探测和接收物体在可见光、红外线和微波范围内的电磁辐射。

（三）遥感数据接收与处理系统

1.数据传送与接收

遥感数据主要是指航空遥感和卫星遥感所获取的胶片和数字图像。航空遥感数据一般是在航摄结束后待航空器返回地面时进行回收，又叫直接回收方式。对于卫星遥感数据，不采用直接回收方式，而是采用视频传输方式接收。

视频传输是指传感器将接收的地物反射或发射电磁波信息，经过光电转换，将光信号转变为电信号，以无线电传送的方式将遥感信息传送到地面站。

2.数据加工与处理

通常情况下，遥感数据的质量只取决于进入遥感器的辐射强度，而实际上，由于大气层的存在以及遥感器内部检测器性能的差异，使得反映在图像上的信息量发生变化，引起图像失真、对比度下降等问题。此外，由于卫星飞行姿态、地球形状及地表形态等因素的影响，图像中地物目标的几何位置也可能发生畸变。因此，原始遥感数据被地面站接收后，要经过数据处理中心做一系列复杂的辐射校正和几何校正处理，消除畸变，恢复图像，再提供给用户使用。

遥感卫星数据加工处理步骤：首先，原始数据一般记录在高密度磁带上，须回放读出；其次，输入计算机提取卫星姿态与星历轨道数据，提供校正遥感图像所需的参数；最后，对图像数据进行辐射校正与几何校正，并提供注记信息。

（四）遥感资料分析与解译系统

用户得到的遥感资料是经过预处理的图像胶片或数据，然后再根据各自的应用目的，对这些资料进行分析、研究和判断、解译，从中提取有用信息，并将其翻译成人们所能利用的文字资料或图件，这一工作称为"解译"或"判读"。目前，遥感解译已经形成一些规范的技术路线和方法。

1.常规目视解译

常规目视解译是指人们用手持放大镜或立体镜等简单工具，凭借解译人员的经验，识别目标物的性质和变化规律的方法。目视解译所用的仪器设备简单，在野外和室内都可进行。目视解译既能获得一定的效果，还可验证仪器方法的准确程度，所以它是一种最基本的解译方法。但是，解译既受解译人员专业水平和经验的影响，又受眼睛视觉功能的限制，并且速度慢、不够精确。

2.电子计算机解译

电子计算机解译是 20 世纪发展起来的一种解译方法，它利用电子计算机对遥感影像数据进行分析处理，提取有用信息，进而对待判目标实行自动识别和分类。该技术既快速、客观、准确，又能直接得到解译结果，是遥感资料分析与解译的发展方向。

二、遥感技术的特点

（一）探测范围广，可获取大范围数据资料

遥感使用的航摄飞机高度可达 10km 左右，陆地卫星轨道高度达到 910km 左右，因此，可及时获取大范围的信息。遥感探测能在较短的时间内，在空中乃至宇宙空间对大范围地区进行对地观测，并从中获取有价值的遥感数据。这些数据拓展了人们的视觉空间，为宏观掌握地面事物的现状创造了极为有利的条件，同时，也为宏观研究自然现象和规律提供了宝贵的第一手资料。这种先进的技术手段是传统的手工作业无法比拟的。例如，一幅美国的陆地卫星（Landsat）图像，覆盖面积为 185km×185km=34225km^2，5～6min 内即可扫描完成，实现了对地的大面积同步观测；一幅地球同步气象卫星图像可覆盖 1/3 的地球表面，实现更宏观的同步观测。

（二）获取信息的速度快、周期短

由于卫星围绕地球运转，遥感能及时获取所经地区的各种自然现象的最新资料，以便更新原有资料，或根据新旧资料变化进行动态监测。这是人工实地测量和航空摄影测量无法比拟的。例如，陆地卫星 4 号和 5 号每 16 天可覆盖地球一遍，诺阿卫星（NOAA satellite）每天能收到两次影像，欧洲气象卫星（Meteosat）每 30 分钟可获得同一地区的影像。

（三）获取信息受条件限制少

在地球上有很多地方自然条件极为恶劣，人类难以到达，如沙漠、沼泽、高山峻岭等。采用不受地面条件限制的遥感技术，特别是航天遥感，可方便、及时地获取各种宝贵资料。

（四）获取信息的手段多，信息量大

根据不同的任务，遥感技术用不同的波段和不同的遥感仪器，取得所需的信息；不仅能利用可见光波段探测物体，而且能利用人眼看不见的紫外线、红外线和微波波段进行探测；不仅能探测地表的性质，而且可以探测到目标物的一定深度，利用不同波段对物体不同的穿透性，还可获取地物内部信息。例如，地面深层、水的下层、冰层下的水体、沙漠下面的地物特性等；微波波段还具有全天候工作的能力；遥感技术获取的信息量非常大，以 4 波段陆地卫星多光谱扫描图像为例，像元点的分辨率为 79×57m，每一波段含有 7 600 000 个像元，一幅标准图像包括四个波段，共有 3200 万个像元点。

（五）能动态反映地面事物的变化

遥感探测能周期性、重复地对同一地区进行对地观测，这有助于人们通过所获取的遥感数据，发现并动态地跟踪地球上许多事物的变化，同时，研究自然界的变化规律，尤其是在监视天气状况、自然灾害、环境污染甚至军事目标等方面，遥感技术的应用就显得格外重要。

（六）获取的数据具有综合性

遥感探测获取的是在同一时段覆盖大范围地区的遥感数据，这些数据综合地展现了地球上许多自然与人文现象，宏观地反映了地球上各种事物的形态与分布，真实地体现了地质、地貌、土壤、植被、水文、人工构筑物等地物的特征，全面地揭示了地理事物之间的关联性，并且这些数据在时间上具有相同的现势性。

（七）遥感技术的发展迅速

遥感是在航空摄影的基础上发展起来的，随着空间科学技术、电子技术、电子计算机技术及其他新技术的发展，新型传感器的种类越来越多，遥感应用发展迅速，日新月异。它已成为一门新兴的、先进的，在国民经济和国防事业中不可缺少的、影响深远的空间探测技术。

第三节　遥感技术在城市管理中的应用

一、城市景观和生态环境评价——以 C 市为例

（一）自然概况

1.地质地貌

C 市地形复杂，主要由平原、高原和丘陵组成。C 市地势由西北向东南倾斜，处于盆地的西部边缘。在各种地形所占面积中，首先，最多的是平原地区，占到了 40.1%；其次，是山区面积，占到了 32.3%；面积最少的是西部的丘陵地区，仅占 27.6%。显著的表面高程之间的高度差来自东部和西部地区，对不同的空间分布的直接结果是气候因素的不同，形成在区域范围内热量差异明显的垂直不同气候带，因此各种各样的生物资源丰富，为农业和旅游业的发展提供十分有利的条件。

2.气候、气象

C 市气候整体呈现出亚热带季风气候区的特点。C 市年平均气温为 15.20℃～16.60℃，最热月平均气温在 25.00℃～25.40℃，出现在 7～8 月；最冷月平均气温 5.60℃，出现在 1 月。C 市全年总降水量为 900～1300mm，降雨主要集中在七八月份，集中了全年大约一半的降水量，5 月开始到 8 月为暴雨期；每年的日照时间为 1042～1512h，太阳辐射总量达到 80.0～93.5 千卡/cm²，每年的日照率为 24.32%；每年的平均风速达到 1.3m/s，风向主要为静风，占到年平均风速的 39%，次主导风向频率占 15%，风向为北风；年平均相对湿度 82%；年平均气压 956.1mPa。

4.水文

（1）地表水

自流灌溉水系包括 C 市境内所有流域。河流在 C 市境内贯穿交错，使得区域内灌溉十分便利。

（2）地下水

该区域地下水是在陷盆地结构的基础上，包括第四系全新统河流冲击层和上更新统冰水堆积层叠加组成的混合含水层两个部分的松散堆积空隙潜水。这种结构使得地下水储水条件较好，埋层较浅，丰水期水量可以达到 1～3m，枯水期也能有 2～4m，每年的变化幅度在 1～3m。富水性能好，使得该区域地下水易于开采，并且回升快。地下水位也与该区域的地势有相同走向，均呈西北面高、东南面相对较低的现象，而其坡降幅度约为 2%。该区域地下水的物理性质良好，具体表现为水体无色、无味，并且透明度较好；酸碱值（pH）稳定且为中性，其值在 6.8～7.2，矿化度低，低达 1g/L 以下，总硬度也低；重碳酸盐型水为主要的水化学型，其次有重碳酸、硫酸钙型水。

5.生物资源

C 市的气候温和，属于亚热带湿润地区，并且地形地貌复杂，这样的环境造就了 C 市多样的自然生态环境，也使得生物多样性丰富。根据最基础的统计，C 市动植物资源丰富，至少包含有 11 纲、200 科、764 属、3000 余种。其中有 2682 种种子植物，包括 C 市特有的珍稀植物，如银杏、黄心树、香果树等；237 种主要的脊椎动物，其中国家重点保护的珍稀动物就有 4 种，分别为大熊猫、小熊猫、金丝猴、牛羚；药品资源更丰富，高达 860 多种，川芎、川郁金、乌梅、黄连等丰富资源更是使 C 市驰名中外。

6.土壤

C 市所处的地堑基础地壳在缓慢沉降，最上层的平原表土，是第四纪全新世晚期的土层，在各种水体的冲击下，这种土层本身所含有的腐殖质就十分丰富，再加上 C 地区人民千百年来的辛勤耕种，使得土壤肥力更加丰厚，成了高肥力的水稻土。

（二）社会经济概况

1.人口

C市是一个多民族融合的城市，据第六次人口普查统计，汉族人口为13920686人，占全市常住人口的99.1%；各少数民族人口与第五次人口普查时增长近一倍，为126939人，占0.9%，比重增加了0.36%，但少数民族人口流动性大，其中回族、藏族、满族、蒙古族、苗族、彝族、土家族、羌族、壮族、朝鲜族等10个民族的人数大于1000人。

2.综合经济

C市统计局公布数据：2022年，全市实现地区生产总值达20817.5亿元，按可比价格计算，比2021年增长2.8%。分产业看，第一产业实现增加值588.4亿元，增长3.8%；第二产业实现增加值6404.1亿元，增长5.5%；第三产业实现增加值13825.0亿元，增长1.5%。

3.教育和科技

C市普通高校有57所，其中，本科30所，专科27所，中专学校86所，普通中小学校1032所，幼儿园1874所。

同年，C市组织实施科技计划项目3054项，其中多数为年内新上科技项目，达到了2233项，包含国家级240项，省级699项。

4.卫生

C市共有卫生机构7976个，其中，医院和卫生院、疾病预防控制中心和妇幼保健站分别有724个、22个和21个；各类卫生机构床位数共计10.1万张，主要集中在医院和卫生院，床位数多达9.4万张；全年总诊疗10148万人次；全年无偿献血30.3万单位。

5.城市建设

2022年，C市区建成区面积、城市铺装道路长度和铺装道路面积分别为528.9平方公里、2844.9公里和7443.5万平方米。中心城区公交线路长度为4019公里，环比增加14.3%。全年中心城区公交客运量和地铁客运总量分别为16.5

亿人次和 2.4 亿人次。全年空气质量优良率 60.8%。全年交通事故 2325 起，比 2021 年下降 3.8%。

（二）数据处理

1.数据及预处理

（1）数据来源

研究数据为"Landsat-ETM+数据"，源于国际科学数据服务平台。

（2）数据预处理

数据预处理需依次进行多个波段数据的合并、坐标系投影转化、遥感影像的几何校正、研究区域的裁剪和辐射增强。

坐标系投影转化：本次研究采用 2000 国家大地坐标系，坐标单为度。

遥感影像的几何校正：采用几何校正的方法，与 1：50000 地形图进行对比。所有控制点都设于道路交叉口，点位清晰明确，因此较容易在各年份的 ETM（Enhanced Thematic Mapper）遥感图像上找到同名点。

辐射增强：研究所用的遥感图像清晰，受云层和大气影响较小，因为严格的辐射校正需要影像数据获取时的参数，所以本次研究仅采用暗目标法消除大气层辐射的干扰。

2.土地利用/覆盖遥感分类

（1）土地利用/覆盖分类系统

在过去的研究中，土地利用/覆盖分类系统主要是针对特定的研究区域和尺度，以至于全球此类研究中并没有统一的标准，各国之间，乃至各地区之间、不同专业领域之间，土地利用/覆盖分类系统都是不同的。不同的研究方法虽然使得部分研究更加具有专业突出性，但是也给信息分享工作带来了麻烦。因此，建立统一的土地利用/覆盖分类系统，是当前此类研究的重要内容。

根据本研究的研究目的和研究区域的土地利用覆盖情况，选取中国土地资源分类系统作为参照。由于研究区域为城市，本次研究将遥感影像分为五个一级类型：耕地、植被、水域、城市用地、未利用地。其中植被包括草地与林地。

（2）分类方法

遥感影像解译的方法主要有两种：目视解译和计算机自动分类。其中计算机自动分类又包括非监督分类和监督分类两种方法。目视解译是在掌握了地物的光谱、空间特征等大量数据资料的基础上，结合解译者的经验进行解译，所以精度最高，但是工作量大、周期长。非监督分类根据给定的数据自动归类，方便快捷，但不能确定分类属性，精度普遍较低。而监督分类是根据研究区域内选择具有代表性的训练区，即在分类前用已知地物的光谱特性来分类，所以精度较高。

（三）景观动态变化

景观格局是由大自然和人类活动形成的，由大小、形状和排列均不同的景观要素共同作用。同样，景观格局也影响着自然环境的变化和人类活动的发展，控制着自然与人类之间物质流、能量流和信息流的传递。对于景观格局的研究，旨在发现随时间变化，外界对景观格局的干扰，究竟对其有何影响，以揭示内在规律。

1.景观指数

（1）景观指数的种类

在对景观格局分析中，形成了许多描述景观格局及其变化的景观指数。Fragstats 是功能全面的景观分析软件，能计算 59 个景观指数，软件将其分类为面积指标、密度大小及差异指标、边缘指标、形状指标、核心面积指标、邻近度指标、多样性指标和聚散性指标。

（2）景观指数的选择

在 Fragstats 软件中，景观指数被分为三个级别，即斑块、斑块类型和景观。分别代表不同的应用尺度：斑块级别指标（patch）、斑块类型级别指标（class）和景观级别指标（landscape）。三项指标分别反映景观中单个斑块的结构特征、景观中不同斑块类型各自的结构特征和反应景观的整体结构特征。

选取越多的景观指数，越能全面反映其景观格局。但是，并不是所有景观指数都满足相互独立的性质，选择过多的、并不相互独立的景观指数可能导致描述冗余。在选取适当的景观指数描述景观格局时，必须考虑所选指数的三个方面性质：相互独立性、对于错误的敏感程度和随分辨率的变化。

此次研究目的是分析 C 市中心城区的景观结构及其变化特征，突出城市的景观结构特征。由于缺少实际数据，且研究区域尺度大，因而不适合计算边缘指标、核心面积指标以及部分邻近度指标。最终从 Fragstats 软件中选取了 10 个指数，包括斑块类型级别，如斑块类型面积、斑块所占景观面积比例、斑块数量、斑块密度、斑块平均大小 5 项；景观级别，如香农多样性指数、分维数、香农均度指数、面积加权的平均斑块分形指数和蔓延度指数 5 项。

2.C 市中心城区景观结构特征分析

（1）C 市中心城区景观结构分析

在整个研究区域内，耕地和建设用地占优势种类，两类相加占整个研究区域的 80.2%，其中耕地占 48.7%，是优势土地类型。耕地和建设用地的斑块较为集中，其余水域、绿地植被和未利用地均比较分散。综上可知，C 市中心城区景观格局是以耕地和建设用地为主导的，其中耕地占据更主要的地位。

3.2018 年 C 市中心城区景观结构分析

整个研究区域建设用地面积较 2021 年有所增加，占 44.16%，超过耕地成为优势土地类型。而耕地面积有所减少，但仍占 39.08%。植被、水域面积也在减少，其中水域面积变化幅度高达 60%。建设用地斑块进一步集中，耕地斑块集中程度基本持平，而水域、植被斑块变得更加分散，未利用地集中程度则有小幅提升。综上可知，C 市中心城区景观格局是以耕地和建设用地为主导的，但建设用地占据更重要的地位。

4.2020 年 C 市中心城区景观结构分析

整个研究区域建设用地面积持续增加，成为主导用地类型，占总面积的一半以上。耕地面积持续减少，减少幅度仍为 10% 左右。水域面积减少幅度变缓，而绿色植被有所增加。建设用地斑块持续集中，绿色植被斑块集中程度也有小幅提升，其余各用地类型更加分散。可知 C 市中心城区景观格局是以建设用地为主导的。

5.2022 年 C 市中心城区景观结构分析

整个研究区域建设用地占优势，占整个研究区域的 65%。相较 2008 年，耕地面积减少幅度放缓，水域面积有小幅提升，绿色植被面积减少，达到 12 年间的最低值 9.5%。未利用地面积大幅减少，减少幅度高达 2008 年的 70%。建设用地的斑块持续集中，未利用地斑块也较为集中，耕地、水域和绿色植被变得更加离散。可知 2022 年 C 市中心城区景观格局是以建设用地为主导的。

6.2022 年景观水平格局变化分析

2018 年到 2022 年，人类活动对景观格局的影响逐年变大，斑块形状越来越复杂，土地破碎程度越来越高，景观格局受到优势斑块支配度提高，不定性的信息含量变低。

7.C 市中心城区景观动态变化的驱动力因素分析

本次研究首先通过遥感技术土地利用/覆盖分类生成了 C 市中心城区（第一绕城高速以内区域）2010 年、2018 年、2020 年、2022 年的土地利用现状图，得到了 12 年间的土地利用/覆盖变化情况，再选取了 10 个景观指数通过 Fragestats 软件定量计算，最后对景观指数的变化情况和由此引起的生态环境影响进一步分析，得到了 C 市中心城区景观动态变化的驱动力因素。

（1）城市发展是研究区域内土地利用/覆盖变化的主要驱动力

城市用地面积由 2010 年的 165.96km² 增加到 2018 年的 342.46km²，增加幅度为 106.35%。2020 年，城市建设用地主要集中在三环内；2022 年，城市建设用地扩张到三环外、第一绕城高速内区域。相应类型的区域均有减少，除未利用地外，减幅最大的是水域和耕地，减幅分别达到 57.66%、52.59%。其中水域由 2018 年的 23.00km² 减少到 2022 年的 9.74km²，耕地由 2018 年的 256.31km² 减少到 2022 年的 120.70km²，大量的水域和耕地变为了城市建设用地。植被在 10 年间减少了 20.70%，相对耕地和水域减幅较小。

（2）不同时期景观结构特征不同

2010 年，主要以农业为主，耕地、水域和植被占总面积的 65.08%，城市用地占 31.52%。耕地虽不是绝对主导，但是仍占有 48.68%。景观格局主要受农业和城市发展的共同影响。景观指数表明，城市建设用地在三环外、第一绕城高速内的区域比较离散，在三环内的区域非常集中，而农业用地在三环外、第一绕城高速内的区域比较集中，连通性较好。

2018 年，城市用地面积占 44.16%，超过耕地成为优势土地类型。而耕地面积有所减少，但仍占 39.08%。植被、水域面积也在减少。由土地利用情况可以看出，城市用地开始向三环以外区域扩张。

2020 年，整个研究区域建设用地面积持续增加，成为主导用地类型，占总面积的一半以上。耕地面积持续减少，减少幅度仍为 10% 左右。水域面积减少幅度变缓，而绿色植被有所增加。建设用地斑块三环外区域变得集中。可知 2020 年 C 市中心城区景观格局是以建设用地为主导的。

2022 年，景观格局完全由城市发展主导。城市用地面积占到 65.04%，耕地、水域和植被面积均有所减少，用于城市建设。植被分布更加离散，斑块间距变大、连通性低，而城市用地斑块面积明显增大，且融合明显。

（3）生态环境变差

2022 年相较 2018 年，耕地、绿地、水域均有减少，植被面积有小幅增加，但是仍没有改变总体趋势。城市工业污染等加重，但是在后期注重生态城市建设，合理规划，重点整治重污染企业，又使得生态环境有所好转。但是总体上，2010 年到 2022 年，生态环境正在变差。

（四）生态环境评价

C 市中心城区从 2010 年到 2022 年生物丰度指数有所下降，表明研究区域单位面积上不同生态系统类型在生物物种数量上有所减少。从 2010 年到 2014 年，生物丰度指数下降剧烈；从 2010 年到 2018 年 8 年间，下降趋势有所缓解，但是仍旧在下降。2010 年，城市用地集中在三环路以内区域，三环路到第一绕城高速内区域主要为农业用地；2014 年，三环路以外第一绕城高速以内区域农业用地减少；2018 年，农业用地进一步减少；2022 年，城市用地扩张到所有研究区域，直接导致农业用地、植被的面积、种类迅速减少。

C 市中心城区从 2010 年到 2022 年植被覆盖指数有所下降。2010 年到 2014 年下降趋势明显，而 2014 年到 2018 年的 4 年间植物覆盖指数有所上升，2018 年到 2022 年又有明显下降。2010 年，城市用地集中在三环路以内区域，难见植被覆盖，三环路到第一绕城高速内区域主要为农业用地；2014 年，城市用地开始往三环以外区域蔓延；2018 年，城市用地进一步向三环外绵延，但由于城市进步，三环以内区域也可见植被覆盖，导致植被覆盖指数有所上升；2022 年，城市用地扩张到所有研究区域，仅余东北角和东南角有成片植被覆盖区域，由于城市规划更合理，三环以内区域植被覆盖指数有所增加，新建城市用地也有植被覆盖其中。

由此可以看出，植被 2010 年到 2022 年植被覆盖减少，且覆盖区域离散，与生物丰度指数变化趋势相同。

水网密度指数，在 2010 年到 2022 年间呈上升趋势，其中 2014 年、2018 年水土密度指数居高。C 市区整体水量丰度减少，并且 C 市中心城区由原来的城市用地、农业用地占主导，转变为了城市用地为主导，减少了农业性质水体面积，如人工饲养鱼塘等。2014 年 2018 年，正好是城市用地向外扩张的 4 年，对于城市生态环境影响剧烈，建筑用地也集中在三环外区域，而 2022 年的建筑用地面积较 2010 年增加一倍，导致水网密度指数受到一定影响。

土壤退化指数在 2010 年到 2022 年同样也呈下降趋势，下降数值较大。由于植被、耕地面积减少，使得土壤退化明显。2010 年到 2022 年，土壤退化指数变化剧烈，主要因为城建用地向三环外发展，对土壤扰动加大，但是未扰动区域土壤覆盖稳定；2018 年，城市建设进一步向外扩张，而城市规划更加趋于合理，导致中心城区内土壤覆盖有一所增加；2022 年，城市建设几乎覆盖全研究区域，扰动更加剧烈，但是城市规划更为合理，使得已建设区域的土壤覆盖增加，在这方面有所补充。

人类活动指数可以看出，2010 年到 2022 年，人类活动对环境扰动加大。2010 年到 2014 年，人类活动对于环境影响剧烈，在此期间水域大幅减少、耕地面积也有大幅降低；2014 年到 2018 年，人类活动对环境影响程度降低，水域和耕地面积持续减少，但是城市规划较合理，使得植被覆盖增加、土壤退化程度降低；2018 年到 2022 年，人类活动对环境扰动加大，耕地、水域和绿色用地面积持续减少。

由最终的生态环境综合状况指数可以看出，2010 年到 2022 年，生态环境略微变差，这是由于生物丰度和植物覆盖减少，人类活动对于环境扰动剧烈所引起的。其中 2010 年到 2014 年变化最剧烈，主要是由于生物丰度指数和土壤退化指数的急剧减少；但是在后 8 年，由于城市规划越来越合理，使得生物丰度指数降低程度减缓，虽然植被覆盖及水体密度均有减少，但是在中心城区出现了植被覆盖增加、土壤退化减缓的情况。

综上所述，2010 年 C 市中心生态环境状况一般；2014 年到 2022 年，C 市中心生态环境状况较差；除了 2010 年到 2014 年生态环境略微变差以外，其余 8 年均无明显变化。

二、城市变化监测

城市是具有一定人口规模，而且以非农业人口为主的居民集居地，是聚落的一种特殊形态，是区域的经济、文化以及政治中心。城市建设是我国国民经济中非常重要的一环。自改革开放以来，在社会经济和生活质量等因素的驱动下，以城市人口、城区面积扩张以及农村城市化为主要标志的城市化现象越来越明显。而城市地理信息系统作为地理信息系统的一个重要分支，已成为当代城市建设中的重要举措。

随着城市的不断发展、扩张，城市信息系统需要适时地进行更新。利用不同时相的遥感影像进行城市变化监测，已成为城市地理信息系统的一种有效方法，它可以为政府决策人员和城市规划人员提供及时、有效的决策和规划基础数据，对城市建设、城市规划、城市管理以及发展城市经济起到重要作用。

三、城乡规划

我国要实现新农村建设目标，必须搞好规划，尤其是关系到千家万户的村庄规划。以往获取规划现状资料的方法是进行实地考察及测绘，但该方法成本高且获得的最终规划成果也难以直观展示，因而降低了公众的参与性。随着3S 集成技术（分别是 RS、GPS、GIS）和虚拟现实技术的发展，公众可以参与规划的制定与修改。特别是 RS 和 GIS 在城市化问题上，不仅可以用于分析城市化过程的历史和现状，更主要的是，还可以辅助城市的发展评估、规划、决策，模拟和预测城市的未来。

第四节　遥感技术在林业与农业中的应用

一、在林业中的应用

（一）林业资源调查

森林是陆地生态体系中的主体部分，林业同时也是一项重要的公益事业和基础产业。查清森林资源现状，掌握森林消长变化规律，是制定林业及园艺发展规划和进行决策的重要依据。因此，林业资源调查在林业中具有重要的意义。传统的现场勘测耗时、耗力，而利用遥感技术则可以快速、实时地调查并掌握林业资源的现状。张芳等人利用卫星遥感影像，采用目视解译，利用影像的特征，如色调、空间特征、大小，与多种非遥感信息资料相结合，采用生物地学相关规律，将所需的目标地物识别提取出来，并进行定性与定量的分析，从而获取所需的森林资源，进行森林资源调查工作，增加调查成果的准确度和可靠度，提高调查的效率。

（二）森林病虫害防治

森林病虫害是林业生产的巨大威胁，其造成的经济、社会和生态环境等方面的损失十分惊人。每年仅因病虫害损失的森林资源就相当巨大。为了更好地保护森林资源、维护生态平衡，对森林病虫害实施有效的监测和防治有着十分重要的意义。

遥感监测因为具有快速、全面、准确等优点，在森林病虫害监测方面得到了广泛的应用。一般通过分析遥感影像中植被的光谱曲线，来评估林业的病虫害情况。健康生长的植被都有较规则的光谱反射曲线，在 $0.52\sim0.60\,\mu m$ 的绿光区有一个小的反射峰，在蓝光区约 $0.48\,\mu m$ 和红光区约 $0.68\,\mu m$ 处各有一个吸收带，在 $0.75\sim1.30\,\mu m$ 的近红外区则反射率陡然上升。虽然不同类型的植被，不同的生长阶段以及所处的不同环境会造成各波段反射值的差异，但是这种光谱响应曲线的总体特征不变，只有当植被遭受病虫害侵袭的时候才会发生变化。不同类型的森林往往会感染不同的病虫害，它们导致的结果也往往不同。针对不同的病虫害情况，监测人员在进行监测时就需要有所侧重，选择不同的监测方法。林业病虫害的监测方法主要有图像分析法、各类植被指数法、比值法和差值法。美国一些学者利用遥感图像分类研究了遭受山松甲虫侵蚀的美国黑松的死亡率，通过在不同危害面积上使用不同空间分辨率的遥感影像的策略进行分类，取得了较好的效果。中国学者刘志明等人利用甚高分辨率扫描辐射计（Advanced Very High Resolution Radiometer，以下简称 AVHRR）数据对大兴安岭大范围落叶松毛虫进行研究，得出了不同受害程度的比值植被指数临界值，判别精确度达 73%。挪威学者利用专题绘图仪（Thematic Mapper，以下简称 TM）数据对挪威云山的森林灾害进行研究发现，TM5/TM4 和 TM7/TM4 的比值同调查样地的森林灾害相关性极高，可用于定量研究灾害程度。

二、在农业中的应用

（一）农情监测要素

根据中华人民共和国农村农业部（以下简称农村农业部）制定的农情监测规范，农情监测要素包括：①全国主要粮棉作物的种植面积和布局；②作物长势；③作物的田间管理与农用物资储备；④重大农业灾害（洪涝、干旱、冻害、病虫等的发生及评估）；⑤产量预计。针对农情监测的要素，监测人员需要开发各种数学模型对这些要素进行估算和分级，如主要粮棉作物识别模型、农作物长势分级模型、农作物估产模型、农业灾害监测与灾情损失评估模型等。

（二）作物识别

作物识别，即监测作物种植面积及其布局。冬小麦的识别比较容易，其原因是冬小麦返青时农田几乎没有其他大片作物，而秋粮的区分与识别就比较困难。北美地区地块大，形成种植带，便于识别；而中国地块小，间种套作，作物难以区分与识别。目前，采用的资源卫星数据在作物识别上有困难。由于技术的发展，可应用 1～3m 高空间分辨率的影像抽样，高光谱遥感的应用也为作物的识别带来新的数据源。

（三）面积量算

应用遥感技术进行大区域作物的面积量算，长势监测和产量估计是农情监测的主要内容。中农村农业部遥感应用中心从 1998 年起开始从事冬小麦、棉花等大宗农作物大面积的遥感监测业务化运行工作，为政府有关部门的管理与决策服务提供客观、及时、全面的农情信息数据。大范围的种植面积的量算是产量估计的基础。目前，有三种方法可以采用：①采用高空间分辨率的卫星影像（如 LandsatTM 卫星、SPOT 影像、中巴地球资源卫星等），并结合地面样点进行分类来提取面积；②采用高空间分辨率的卫星影像抽样计算年际间的变化率，以前一年种植面积为基数，从而推测当年的种植面积；③应用低空间分辨率、高时间分辨率的卫星影像（如 FY 卫星、中分辨率成像光谱仪、NOAA/AVHRR），采用遥感统计的方法提取作物种植面积。作为全国尺度上的监测，采用高空间分辨率的卫星影像抽样计算变化率是实用的方法。我国地形及种植结构复杂，抽样方法需要进一步研究。

目前，世界各国都采用抽样方法。例如，美国的大面积农作物估产试验（LACIE 计划）、农业和资源的空间遥感调查计划（AGRISTARS 计划）采用了面积抽样框方法；欧盟的农业遥感监测研究计划（MARS）采用了分层抽样方法；中国在作物的遥感监测中也采用了分层抽样方法。由于监测作物面积的变化率，没有考虑小地物对样本的影响，如果要用样本推算总体的绝对值，不考虑样本中的小地物的影响，将使作物面积的推算形成误差。因此，样本选取的随机性、样本数目的合理与否会影响统计的误差。

在作物的遥感监测中，田间小地物（如沟渠和小路）会影响对农作物面积的计算，有以下两方面的原因：

其一，小地物的遥感光谱信息淹没在作物光谱信息中，小地物不能被识别，从而使被识别的作物中含有非作物的成分，在提取作物面积时，形成误差。

其二，小地物在遥感影像上具有影像特征，可以将其从作物中识别出来，但由于其边界模糊且数量巨大，解译困难，在影像解译中如何对其处理，不仅影响工作效率，同时也影响提取的作物面积准确性。对小地物采取中分辨率卫星遥感数据，主要对耕地、林地、城乡工矿居民用地进行成数抽样，样本为特定长度和宽度的样方。这里的成数是指具有某种属性的地物在全部抽样总体中所占比重。通过测算样方中的小地物成数，进而对抽样测算结果进行面积校正。

在作物面积的遥感监测中，小地物主要是沟渠、小路、机耕道、简易公路等线状地物。而这些小地物在作物面积遥感监测中根据采用不同空间分辨率的遥感影像而有不同的处理。

绝对小地物，如田埂、废弃小路等，由于遥感影像空间分辨率的限制，在一种遥感影像上，宽度小于一个像元边长的地物，其反射光谱被作物反射光谱淹没，在遥感影像上一般没有独立的影像特征。

小地物具有相对性。不同遥感影像，其空间分辨率各不相同。一些在低分辨率遥感影像中不可见的小地物，在较高分辨率遥感影像中可能会有明显的影像特征，可以将其从作物中识别出来。此时，原来的小地物成为一般地物。这种由于遥感影像空间分辨率变化而引起的可见与不可见性就是小地物定义的相对性。

无论绝对小地物还是相对小地物，如果不消除其影响，将使遥感监测结果数据偏大，导致系统误差。采用抽样方法，对大宗农作物面积进行遥感监测，如果不消除样本中小地物的影响——即不"纯化"样本，就会形成误差。目前，采取的抽样技术主要是分层抽样兼外推的方法。例如，在冬小麦面积的遥感监测中，选取的样本是各主产县冬小麦遥感解译面积，在计算工作中，并未采取措施"纯化"样本，从而使单一年度最终的总体平均值、总体总值的估计值偏大。多年来该抽样方法和估计量在全国冬小麦、棉花面积遥感监测中得到应用，它们虽然可以满足业务化运行的要求，但由于没有消除小地物在样本中的影响，没有在作业底层对样本实施精度控制。在业务化运行中，农村农业部遥感应用中心采用计算年际变化率的方法，将连续两年作物面积遥感监测结果相减，以期消除单一年度监测系统误差，获得作物面积变化率。以上方法的问题是：①无法得到作物面积的绝对值；②解译的工作量增加。为了消除由小地物引起的系统误差，获得作物面积的绝对值，提高抽样估计的精度，应当采取双重抽样的方法。也就是说，先在底层对样本中的小地物抽样，用小地物样本平均值去估计其总体的数学期望，最后求取小地物在作物中的比例，进而修正作物面积遥感监测结果值。采用"纯化"样本的方法，在一定的置信度下认为由小地物导致的系统误差被消除了。在此基础上，再进行抽样外推。如果要在较大范围内双重抽样，对底层小地物抽样，可采用较第二层抽样样本影像空间分辨率更高的卫星影像或航空相片抽样。如果是较小局部区域，可以用 GPS 实测获取抽样数据。

（四）长势监测

长势，即作物生长的状况与趋势。作物的长势可以用个体与群体特征来描述。发育健壮的个体所构成的合理的群体，才是长势良好的作物区。长势监测的目的是：①为田间管理提供及时的信息；②为早期估计产量提供依据。

农作物长势监测指对作物的苗情、生长状况及其变化的宏观监测，主要利用红光波段和近红外波段遥感数据得到的归一化植被指数（Normalized Difference Vegetation Index，以下简称 NDVI）与作物的叶面积指数和生物量正相关原理进行长势监测。作物的叶面积指数（Leaf Area Index，以下简称 LAL）是决定作物光合作用速率的重要因子，叶面积指数越高，单位面积的作物穗数就越多或作物截获的光合有效辐射就越大。NDVI 可用于准实时的作物长势监测和产量估计。实践表明，利用 NDVI 过程曲线，特别是后期的变化速率预测冬小麦产量的效果很好，精度较高。

农作物长势监测是农情遥感监测与估产的核心部分，其本质是在作物生长早期阶段就能反映出作物产量的丰歉趋势，通过实时的动态监测逐渐逼近实际的作物产量。作物长势监测系统主要包括生成标准化遥感数据产品、实时作物长势监测、作物生长过程分析、作物旱情遥感监测、作物长势综合分析等五个方面的内容。系统在全球和全国两个监测层面的基础上，增加了作物种植重点省份和作物主产区的作物长势监测两个监测层面，发展成为包括四个监测层面的多元监测模式。

作物时空结构的监测包括两方面内容：一是农作物种植结构及其变化的监测；二是复种指数及其变化监测。系统采用样条采样框架技术与农情调查系统，通过野外调查的方式进行农作物种植结构监测，采用时间序列 NDVI 曲线监测复种指数。

长势监测模型根据功能可以分为评估模型与诊断模型。评估模型可分为逐年比较模型与等级模型，目前分等定级没有统一的标准。诊断模型是为了早期估产与田间管理。诊断模型包括：①作物生长的物候与阶段；②肥料盈亏状况；③水分胁迫、干旱评估；④病虫害的蔓延；⑤杂草的发展。

需要指出，遥感作物长势监测一定要与农学的知识结合起来。对于特定的作物，在特定的生育期，为获得高产、优质，对于长势有特定的要求，并非NDVI 或 LAI 等其他绿度指数越高越好。比如，棉花在生育的中前期，疯长是需要抑制的，传统的方法采用掐尖、打叶等农田措施，这时遥感监测的长势应当在一个适度的范围，超过范围就应当给出预警信息。必须注意的是，遥感技术在任何场合都离不开专业知识和地面调查。

（五）灾害评估

1.洪涝

洪涝灾害的监测技术没有困难，应用可见光——多光谱遥感或雷达遥感可以监测水面面积的变化，问题是怎样估计对农业的影响。根据耕地的背景资料可以计算淹没面积，而对产量的影响与淹没的作物种类、淹没时间有关。

2.冻害（包括冷害）

冻害是北方冬小麦常见的严重自然灾害之一，遥感监测可以迅速估计灾害发生范围。春季霜冻害与隆冬季节因过度严寒造成的冻害本质不同，严寒使冬小麦根部冻死，翌年春季返青受到影响，因生长量小，致使植被指数在较长的一段时期偏低，易于用遥感监测，对监测的实时性要求不强。

冻害不但与气温有关，也与生育期有关。检测人员要注意要分析气温、生育期与遥感影像特征的关系。冬小麦在春季遭受霜冻害后，植被指数急剧下降，这主要是由冬小麦活性降低所致。由于在－1℃左右的低温下冬小麦的根、叶不致冻死，生物量并未明显减少，随后迅速恢复，植被指数与未受冻害地区无差异，利用地面观测与遥感都很难判别。但极不耐寒的花芽分化受到影响，致使成熟时出现抽穗而无籽的"哑穗""白穗"，严重影响最终产量。对这种冻害进行监测必须使用实时或准实时数据，要在冬小麦恢复活性前及时获取并分析影像。冷空气侵入前后往往云量较多，给遥感监测带来困难。对于略有些云或从云隙中可清楚地反映地物的 NOAA 影像也应尽量使用，不错过实时监测的机会。

应用气象卫星资料配合地面观测资料，根据 NDVI 突变的特征与冬小麦生育期的特点，可以迅速估计冻害的发生范围，这是地面监测难以做到的。问题在于，实时卫星资料的取得是困难的，需要地面监测的支持。

（六）产量预测与估算

产量预测与估算，以卫星遥感资料、田间管理资料、地面调查资料为基础，侧重于提高种植面积的测定精度，促进综合因子的单产模式的建立。利用遥感技术对作物进行估产已有多年，农业遥感科技工作者也创造出多种方法，以适应不同作物以及不同估产目标。

主要作物产量预测是指对冬小麦、春小麦、早稻、中稻、晚稻、春玉米、夏玉米、大豆等作物的产量预测，监测范围包括该类作物在全国范围内的种植区，基础统计单元则从县级行政单元，逐渐汇总到省级行政单元。作物产量遥感预测通常采用"总产=单产×种植面积"的思路，并以农作物遥感估产为基础，分别通过农作物种植面积的多级采样估算和分区单产模型的预测来实现；也有用年际间同时期的遥感影像进行叠加分析的，以分析当年与前一年的种植面积、单产的变化比率，从而进行增减产比率估产。

夏粮和秋粮的产量估算通过前一年的粮食产量与当年产量变幅来完成。种植面积的变幅基于整群抽样技术，通过对连续两年的遥感影像进行分类监测与对比得到。单产变幅通过建立基于遥感参数的粮食单产预测模型获得。对于不同地区的不同作物类型，监测人员利用不同的遥感参数（如 NDVI）及过程线参数（过程线峰值、上升速率、下降速率等），建立具有较高相关性的粮食产量预测模型。实际工作中，这类模型很多，适用于不同作物及种植地区。按时获取高质量的遥感影像集是确保这类遥感估产准确的决定性因素，特别是作物定产前的遥感影像质量尤其重要。

作物产量估算常用的方法是，以计算种植面积和单位面积产量的传统方法获得总产。这种方法在大尺度上进行业务化运作尚有许多问题，如累积误差大，但在推算小区产量上具有灵活性。农业部门的运行系统目前采用的方法如下：

1.计算面积的变化率与单产，从而推算产量的变化率。

2.计算全国粮食总产，采用便于运行的初级生产力总产模型。由于农情监测是在国家一级大尺度上进行的，估算产量采用总产模型具有经济性好、精度高、便于业务化的特点。

产量估计的难点包括：提前估算产量总有不确定因素；灾害、病虫害对产量的影响难以准确评估；由于作物识别存在难度，分品种估产有困难；估产缺少机理模型。

对于作物估产来说，遥感地面调查在任何时候都是不可缺少的，主要原因如下：

1.有些农情要素是不能被遥感监测到的，或目前难以用遥感监测，如病虫害。

2.能用遥感监测的农情要素，出于技术、经济上的原因，也需要地面监测的补充。主要原因有：①遥感技术有其局限性，如受到云的影响，则很难在需要时获得卫星影像；②部分地区由于地形多样、农户规模小，导致地块破碎、种植结构复杂（如套种间作），即使有了影像，也很难分析；③耕作方法的改进，如地膜技术、免耕技术的应用与普及，也给影像解译带来困难；④作物长势的定量监测对遥感技术来说也是困难的；⑤遥感监测作物面积需要高空间分辨率的影像，经济性是要考虑的重要因素。

3.遥感影像的判读也需要地面数据的标定。由于我国国土辽阔，气候条件和作物类型多种多样，因此难以制定统一的地面监测标准。如果没有统一的标准，地面监测资料就没有可比性。

（七）国家级农情监测运行系统

中国现行的农情信息网络是人工的农情监测运行系统，分布在全国各地的农情监测站、农情监测点。人工农情监测网点按照规范的要求，定期收集本地区农资储备与农作物的播种面积、田间管理、作物长势、各种灾害及作物产量等信息，通过传真、电话、电子邮件、计算机网络、快递邮件等方式逐级或直接上报到农村农业部，作为分析全国农业生产形势和采取对策的依据。这个监测运行系统在农业生产的组织和宏观决策中发挥了很大的作用，但也有不足之处。一是人工收集的农情信息很难做到准确、规范、客观，容易受到人为因素的干扰，导致信息失真；二是收集、汇总、传输、加工、分析农情信息，耗时较多，往往滞后于农情信息的变化；三是受经费所限，农情信息的采集范围是有限的，不能反映宏观的整体情况；四是受人为因素的影响，收集的信息质量也存在较大的差异。因此，有必要以现有的台站监测网络为基础，以高新技术为依托，建成现代化、高效率的农情监测运行系统，以提高农情监测的时效和质量。

国家级农情监测运行系统利用遥感技术和地面站网络相结合的方式采集农情信息，以专家系统支持的数值模型与地理信息系统加工、分析农情信息，利用数据库系统组织农情信息，用农村农业部信息网交换信息，为农业生产管理、决策提供服务。

国家级农情监测运行系统由信息采集子系统、通信网络子系统和数据处理子系统组成。

信息采集子系统通过现行的农情监测站网络收集农情信息、田间管理信息和农村经济信息；利用气象卫星和资源卫星收集农作物种植信息，并将农情监测站网络收集到的信息进行验证；通过高空间分辨率、低时间分辨率的资源卫星收集农作物基础信息，通过高时间分辨率、低空间分辨率的气象卫星收集农作物生长发育和农业灾害信息，并以地面人工农情监测网点提供的数据为补充。

通信网络子系统负责把人工农情监测网点收集的信息传送到农村农业部控制中心，又把农村农业部有关管理、决策的信息返回到各监测站。

数据处理子系统是本系统的核心，由数据库、数学模型、专家系统、遥感影像处理系统、地理信息系统等组成，负责农情及相关信息的组织、加工、分析等，产出管理和决策所需的数据、报表、图件和方案等。

第五节 遥感技术在灾害评估中的应用

一、地质灾害评估——以广东省龙川县为例

（一）材料与方法

1.研究区概况

龙川县新田镇位于广东省河源市辖县内，镇域总面积 68.40km²。研究区属于亚热带季风气候区，雨量充沛。降雨主要集中在 3 月至 9 月，这段时期的降雨量占全年雨量的 75%左右。研究区总体地势地貌为自东南向西北倾斜，东南地区地势偏高，西北较低。研究区大地构造位置属于赣闽隆起区，处于南岭纬向构造东亚带与新华夏系东江断裂带的交汇处，受加里东期以来的多次构造运动影响，褶皱和断裂较为发育，形成以北东向构造为主，北西向、东西向为辅的构造体系格局。研究区境内发育的主要断裂构造有梅树塘断层，断层呈北东向展布，出露长度 3.5km，倾向北东（NE），倾角不明。研究区地层从老到新主要为中生界白垩系、新生界第四系，岩性主要为流纹质凝灰岩、流纹岩、玄武岩、熔岩等。境内岩浆岩分布广泛、面积大，占镇区总面积的 90%，主要为中生界侏罗系黑云母花岗岩。混合花岗岩主要分布在镇内东部地区，呈不规则状展布，面积约 22.4km²。龙川县人类工程经济活动作用明显，是形成地质灾害的重要因素，主要表现在道路交通建设、水资源开发、人工削坡建房、垦植坡地、矿山开采及旅游开发建设等。

2.数据来源及用途

遥感影像人机交互中"目视解译+地面调查"的方法，可以用来分析地质灾害隐患点的空间分布特征；遥感影像中"高分二号"和谷歌地球（以下称Google earth）真彩色影像可以进行构造、岩性、隐患点的目视解译；地质灾害

数据用于分析分布规模；数字高程模型（Digital Elevation Model，以下简称DEM）数据来自地理空间数据云，用于分析高程、坡度、坡向；土地利用数据来自30米全球地表覆盖数据（GlobeLand30），用于分析断层、水系、道路、土地利用；降雨量来自龙川县气象局，用于分析地质灾害隐患点关系。

3.遥感解译方法与流程

对于研究区的岩性、构造、地质灾害隐患点的判读方法，可以采用目视解译中的直接判读法、对比法和逻辑推理法三种。而对于地质灾害隐患点的类型、规模及空间分布特征，则可以利用 ArcGIS 软件（指用于绘制地图和地理信息的基础架构）来分析。

此次新田镇地质灾害调查研究，首先，收集研究区的数据，并对获取的遥感数据进行图像的预处理，包括辐射定标、大气校正、正射校正等，以及地形图的矢量化；其次，综合运用遥感解译方法建立遥感解译标志，对研究区的岩性、构造、地质灾害隐患点进行室内解译，并进行野外验证与检查，对隐患点进行 GIS 综合分析以获取隐患点的空间分布规模特征。

（二）遥感解译

1.解译标志的识别

识别遥感解译标志是解译工作的关键。遥感图像解译标志是指能帮助遥感检测人员识别目标物及其性质和相互关系的影像特征，通过色调、形态、水系、植被、景观等各种直接或间接解译标志，对遥感图像各种地质灾害的类型、性质、分布范围、规模大小等属性或特征进行直观判译。对遥感图像上特征清楚、标志明显的灾害地质信息，可直接用传统的目视解译方法进行解译。地质灾害大多具有明显的形态特征，并与背景岩石或地层有一定的色调差异。

2.岩性解译

本次解译以 Google earth 软件中的快鸟（Quick Bird）卫星真彩色影像（空间分辨率为 0.6m）为基本依据，参考其他不同时期 ETM 等不同波段组合的彩色增强影像，结合前人区域地质调查成果，对新田镇境内地质灾害环境的地质背景进行了解译；通过遥感影像增强处理和解译，在解译过程中，利用区域地质调查资料，对已知地层在遥感图像上的影像特征进行对比分析，以了解岩石地层的可解译程度，对新田镇境内出露的岩石地层单位进行归并和划分。

（1）侵入岩解译

根据影像，研究区确定了一个侵入岩影像解译单元，为侏罗纪晚世黑云母花岗岩（J3γβ）解译单元，广泛分布于新田镇中北部和南部边境地区，出露面积 31.16km²，占新田镇总面积的 45.92%。该单元由一个呈岩基产出的侵入体组成。岩性为粗粒、中粒、细粒或斑状黑云母花岗岩，其影像特征主要表现为块状低山高丘陵地貌；发育钳状沟头树枝状水系；发育的冲沟密度较大，横断面形态大多为蝶形，部分为"U"形；冲沟发育的定向性大部分地区不明显，说明岩体受构造影响较小；山脊线呈弯曲状延伸，断面形态大多为浑圆状。

（2）变质岩解译

在解译过程中，解译人员通过对已知变质岩体出露范围与遥感影像特征的对比分析，并根据变质岩在遥感影像上的显示程度进行了影像解译，确定了一个变质岩影像解译单元，即古生代混合岩解译单元，是规模较大的区域热动力变质岩体，位于新田镇中东部地区，出露面积 19.97km²，占新田镇总面积的29.43%。主要岩性包括条带混合岩、条纹混合岩、条痕状混合岩、眼球状混合岩等，局部地段有混合花岗岩。其影像特征与黑云母花岗岩（J3γβ）相似，主要表现为低山丘陵剥蚀地貌，广泛发育钳状沟头树枝状水系，与黑云母花岗岩的界限模糊，需要仔细观察其微地貌影像特征差异并予以圈定。

3.构造解译

在遥感图像上，田中心断裂带主要表现为平直的线性沟谷，断裂两侧截然不同的岩性形成的地貌形态差异明显，并具有断裂破碎带的影像特点，断裂带多处可见有线性排列的断层三角面和断层陡坎等影像特征。通过影像图，新田镇境内断裂构造较为发育，按其发育的方向主要有北北东向、近东西向、北西向三组。按其规模大小和发育程度，北北东向断裂发育程度较低，规模最大，主要有两条，近东西向断裂发育程度最高规模较小，主要有八条；北西向断裂发育程度中等，规模较小主要有四条（含一条推测断层）。

其一，田中心断裂带，南起田中心东侧，呈北北东向展布，贯穿新田镇全境，境内长大约 7.5km。该带切割了晚侏罗世黑云母花岗岩体（J3γβ）和白垩纪优胜组（K₂y）、合水组（K₁h），是一条区域性大断裂带。据断层三角面形态特点判断，断裂带倾向北西，倾角 60°～80°。从断裂带形成的规模、切割的地层和岩体时代看，该带形成于燕山期，其性质主要表现为张性正断层，并使白垩纪优胜组（K₂y）和合水组（K₁h）陷落，形成一个受其控制的白垩纪火山断陷盆地。

其二，老明塘断裂在遥感图像上，表现为平直的线性沟谷、线状延伸的陡崖和陡坎等地貌异常段，南起源三村西北 930m 处，向北北东方向连续延伸至老明塘一带，全长约 5.2km。该带发育于侏罗纪晚世黑云母花岗岩（J3γβ）中，与前述田中心断裂带大致平行，是一条规模较大的断裂带。断裂带南段见有典型的断层三角面影像，根据断层三角面形态的顶角尖锐度判断，该断层倾向东南，倾角 45°～55°。从断裂带切割岩体时代看，断裂带形成于燕山期，其性质主要表现为张性正断层。

4.地质灾害解译

基于研究区的岩性构造解译，可以发现地质灾害与构造岩性有密切的关系。构造和岩性的解译为地质灾害提供了发生的可能性，为研究区已发生的滑坡与崩塌提供初始原因，在此基础上，地质灾害隐患点发展成滑坡、泥石流、崩塌的概率上升。

（1）滑坡解译

滑坡是常见的重力地貌，它是在自然因素和人为因素共同作用下，依托自然重力作用，斜坡上的岩土体沿一定的软弱面整体或局部保持岩土体结构，而向下滑动的过程和现象及其形成的地貌形态，称为滑坡。滑坡灾害通常呈簸箕形或舌形的平面形态，个别滑坡可见滑坡壁、滑坡舌、滑坡台阶、封闭洼地等地貌特征。滑坡的要素包括滑坡体、滑动面、滑坡后壁、滑动带、滑坡床、滑坡台地等。在遥感影像上不能直接观察到滑坡的地下部分，只能看到滑坡体和后壁这两个大要素；在目视解译中可以直接看到滑坡体与周围山坡相比较低，使得下滑体灰阶存在色差，从而可以明显判断滑坡的位置。

新田镇滑坡在遥感图像上，解译出滑坡平面特征大多为半圆形的弧状、马蹄状及梨状等围椅状形态。滑坡后壁多呈颜色较暗的陡崖，裂缝发育。古滑坡上冲沟发育，有植被或农田生长，稍微覆盖原始滑动痕迹。年份相对远的滑坡经过多年侵蚀或人工改造，地表附着物已与相邻非滑坡地区没有较大差异；又或者由于地表附着物遮挡，不易找出滑坡体、滑坡壁及滑坡边界，滑坡隐患体边界特征不明显，进行遥感解译存在一定的难度，需要结合滑坡的多方面特征来判断。新发生的滑坡，由于其地表附着物与临边区域有明显差异，在遥感影像上较易识别。

本次在新田镇地质灾害解译过程中，解译确定滑坡 1 处，隐患点中有 18 处可能发育成滑坡灾害。

（2）崩塌解译

崩塌也是重力地貌，也能引起一些自然灾害，对当地经济建设危害较大。崩塌常指岩土体顺坡猛烈地翻滚、跳跃、相互撞击，最后堆积于坡脚形成倒石堆的一种地质现象。崩塌常常发生在岩性坚硬且节理发育的陡峻的山坡，特征主要表现为发生比较突然、下落速度快、规模差异大；在下落过程中，整体性遭到破坏，通常其垂直位移大于水平位移。

在遥感影像上，新田镇新生崩塌上几乎没有植被分布和发育，影像纹理粗糙。近期发生的崩塌体，其崩塌面色调浅，新生的植被少，堆积物呈青蓝色或淡褐色锥状；硬质岩层的崩塌壁参差不齐。在较老崩塌体上，可能有少量植被分布，使崩塌体的影像纹理变得平滑；部分崩塌的崩塌壁可能受光照方向的影像被阴影遮挡，不易分辨。崩塌多发生在削坡建房、河流、铁路、公路等悬崖、陡壁或呈参差不齐的岩块处，由节理发育的坚硬岩石组成的陡坡或陡岸上；崩塌体轮廓明显，表面坎坷不平，呈粗糙感，其上部外围有时可见到放射状张节理影像。古老的崩塌体上植被生长较为茂盛，崩塌的规模不一。大型崩塌常发生在活动构造，在坡脚常见有大小不等、凌乱无序的岩块（土块）呈锥状的堆积物（倒石锥），在图上多呈三角形、楔形；坡面色调一般呈浅灰色至深灰色，却较均匀，边缘略呈细点状纹型。

新田镇通过地质灾害遥感解译出 4 个崩塌地质灾害点，隐患点可能发育成崩塌的有 113 处。

（3）隐患点解译

隐患点大多为不稳定斜坡，在遥感影像上较为清楚，多呈弧形形态，轮廓线清楚，影纹粗糙；为亮白或黄白色，色调较均匀，坡面较陡，斜坡后缘具有直线型或圆弧形陡坎，坡面地形破碎，坡面植被稀少，坡前一般建有房屋。灾害在山区往往具有分布位置高、植被遮挡隐蔽性强、规模大、危害强等特点。研究区在遥感影像上的隐患点则较为清楚，多呈弧形形态，轮廓线较清楚，影纹粗糙；为浅灰、深绿、黄白色，色调较均匀，坡面较陡，斜坡后缘具有直线或圆弧形陡坡；原始地形地貌被破坏，植被稀少，少量植被茂盛，多呈直线型，边坡前一般建有房屋、工厂等；形态上呈簸箕形、舌形、梨形等平面形态及不规则等的坡面形。新滑体和老滑坡体在影像上色调深浅不同，新滑坡体色调较浅，老滑坡体色调较深，发生时间较长；老滑坡体上冲沟发育，滑坡前缘有时长满树木，新滑坡体地形破碎，起伏不平。

本次研究区对新田镇地质灾害解译出隐患点共 131 处，均为小型点。

（三）遥感解译成果分析

此次研究区总共解译地质灾害点 136 处。从地质灾害类型上看，已发滑坡灾害点为 1 处，未发隐患点为 18 处，占地质灾害点总数的 14%；崩塌已发 4 处，未发隐患 113 处，占地质灾害点总数的 86%；隐患点不稳定边坡 131 个，占地质灾害点总数的 96%。地质灾害隐患点 131 处发育成崩塌类型可能性大。对于地质灾害隐患点的分布规模与特征，是基于 ArcGIS 综合分析得出的。

地质灾害点情况调查结果，见表 2-1。

表 2-1　灾害类型及数量统计

类型	已发/处	隐患点（不稳定斜坡）/处	百分比/%
滑坡	1	18	14
崩塌	4	113	86
总计	5	131	100

1.地质灾害隐患点与各因子关系分析

（1）地质灾害与降雨量时间关系

新田镇已发地质灾害中，规模等级均为小型，地质灾害的时间分布主要与连续、集中降雨及降雨周期紧密相关（见表 2-2）。新田镇解译结果中，有已发 5 处灾害点均发生在 5—8 月的雨季。发生在大气强降雨期间或延后几天，说明地质灾害时间分布总体上与强降雨天气吻合。隐患点发育成滑坡泥石流与崩塌现象与降水关系较大，降水时间的变化影响地下水的变化，增加了表层岩石与土壤的重力作用，同时增加土体中孔隙水压力，使得隐患处加速发育。后期地质灾害隐患点发育的发生应注意降雨时间。

表 2-2　地质灾害发生时间与降雨量关系统计表

月份	降雨量		地质灾害	
	月平均降雨量/mm	占年均降雨量/%	发生地质灾害/处	占灾害点总数/%
5	255.56	17.42	1	20
6	251.22	17.12	1	20
8	157.91	10.76	3	60
合计	1467.07	100	5	100

（2）地质灾害与地形地貌关系

研究区的高程、坡度、坡向与地质灾害发生、隐患点发育的联系程度较高。研究区地貌以山区、丘陵为主，最高海拔为 771.2m，最低海拔为 180m。其中，西北部主要为低山，海拔低于 300m；东南部为丘陵、中低山，总体地势呈南高北低、东高西低。新田镇地质灾害易发点主要分布在丘陵及山地地区的残丘坡脚。根据龙川县地质灾害详细调查报告可知，海拔高程 300～500m 的地质灾害点已发现 5 处，占总数的 100%。地质灾害隐患点通过 ArcGIS 空间分析模块，采用自然间断点分级法，对高程数据重新进行分类和分析发现，多分布于 400m，坡向西北到西向为主；坡度多以 15～25° 为主。从高程图上看，隐患点多分布在地形高差相对大的地区，这些地带为滑坡及崩塌形成提供了有利的地形地貌条件。

（3）地质灾害与构造关系

断层、皱褶等主要通过控制岩层产状、岩体完整程度及区域地壳稳定性等手段，控制斜坡稳定性。通过 ArcGIS 对研究区断层进行缓冲区分析发现，多处地质灾害隐患点为不稳定斜坡，距离断层较近，分布较密集。断层为地质灾害隐患发育提供基础，加上自然降水容易使土地承受压力超过极限，斜坡发生崩塌、滑动等容易导致地质灾害的发生。

（4）地质灾害与人类活动关系

研究区人类活动多为交通建设、水资源开发、人工削坡建房、垦植坡地、矿山开采及旅游开发建设等。通过 ArcGIS 对水系河流、道路进行缓冲区分析，再对人类土地利用数据进行分析，利用遥感影像在影像上目视解译中发现，新田镇地处丘陵、低山地貌，平地极少，风化层较厚，土体含沙量高且松散，削坡建房、开垦土地、修建公路等人类工程活动较为剧烈，而不稳定斜坡主要是由人工挖掘造成的。受经济原因的影响，居民大量开发利用土地，破坏了地质环境天然的平衡，加速了自然环境下地质灾害的诱发，大量滑坡、泥石流、崩塌及隐患点数量增加；人工开挖边坡、在斜坡上部进行开垦建造等活动也会改变斜坡结构，包括外形和应力形态，还会增加下滑体的动力、减少底部岩层的承托力，从而发生滑坡，成为泥石流的又一个触发因素。据研究区统计，在风化壳较厚及人类工程活动较为剧烈的区域，月平均降雨量达到 148.6～255.6mm，地质灾害会有多发的风险。

通过 Google earth 真彩色影像对研究区的隐患点进行三维立体目视解译，发现新田镇属低山丘陵地区，河谷平原地貌面积小，单层住宅无法满足居民需求。因此，居民选择在山一侧开凿斜坡，在平地上建造，从而形成了大量人工开挖的边坡。边坡的高度一般为 3～6m，有的甚至超过 10m，坡度一般为 60～70°。由于居民缺乏防灾意识，没有对边坡加强防护，较少采取缓坡处理和基坑支护措施，导致在持续强降雨的情况下，容易发生滑坡、崩塌等地质灾害。加之当地居民主要经济活动扩张，耕地变化，修建河流水系工程时不可避免地要进行边坡切割，施工前后形成大量临空不稳定面。遇到强降雨时，道路两侧容易诱发崩塌、滑坡等地质灾害，导致房屋冲毁，尤其是距离县道、乡道较近的地区点基本没有施工防范措施。在有限的费用下，大部分乡道被削坡削陡，且缺乏保护措施，使得滑坡、崩塌、水土流失等地质灾害危险系数增加，加大居民安全隐患。

2.野外核查与验证

对地质灾害隐患点的进行人机交互解译之后，共发现地质灾害点 136 处，5 处已发。经过野外验证和实地调查得出的结果，隐患点共 136 处，验证率 100%；验证与解译相符的点共计 133 个，解译正确率为 97.79%。因此，遥感解译结果是可信的。野外验证的内容主要包括不稳定斜坡单元的位置、大小面积、坡度、高差、经纬度等，以保证遥感解译成果的正确性。

表 2-3　遥感解译野外验证情况统计表

点类型	解译数/处	验证数/处	验证率/%	验证相符/处	解译正确率/%	验证不符合/处	解译错误率/%
崩塌	113	113	100	110	97.34	3	0.027
滑坡	18	18	100	18	100	0	0
已发	5	5	100	5	100	0	0
总数	136	136	100	133	97.79	3	0.022

二、洪灾评估

洪水灾害是我国发生频繁最高、危害最广以及对国民经济影响最严重的自然灾害，同时也是威胁人类生存的十大自然灾害之一。我国幅员辽阔，有大约 3/4 的国土面积存在不同类型及程度的洪水灾害。据统计，20 世纪 90 年代，我国洪水灾害给国家和人民造成的直接经济损失达 12000 亿元，仅 1998 年就高达 2600 亿元。利用遥感数据，可以较全面及客观地反映洪水的情况，可以快速提取出地面受灾分布、严重程度及受灾面积等信息。因此，遥感技术被广泛应用到洪灾评估中。

我国学者范磊等人以新蔡县为研究区，对地面不同深度的水体及其在感光耦合组件（Charge-coupled Device，以下简称 CCD）遥感数据上的光谱进行分析，建立模型提取水体，然后将提取的水体和基础地理信息数据进行叠加分析，评估洪灾影响。

三、海啸评估

海啸是由风暴或者海底地震造成的、伴随巨响的海面巨浪，是一种具有超强破坏力的海浪。海啸的波速相当快，高达 700～800km/h，几个小时就能横穿大洋。因为地震和海啸的发源地与受灾的滨海区相距较近，所以海啸波到达海岸的时间很短，只有几分钟，多者也只有几十分钟，使海啸预警时间变得很有限，甚至无时间预警，因而海啸的破坏后果大多极为严重，往往摧毁堤岸、淹没陆地并夺走居民生命财产。海啸等自然灾害时刻威胁着附近居民的生命及财产安全，目前仍没有阻止其发生的手段，但可以通过灾前预报和灾后监测及抢救来降低灾害的损失及其给居民带来的伤害。遥感技术的快速发展，为全方位对地观测以及高质量监测全球灾害创造了条件。在一定程度上，遥感技术为加强全球对自然灾害的预报、监测以及评估工资发挥了不可替代的作用。我国学者刘亚岚等人利用英国灾害监测小卫星（DMC）数据源，以印度尼西亚亚齐省为研究区，采用遥感影像数据作为信息源，对印度尼西亚苏门答腊岛西北海域发生的里氏 9.0 级地震引发的海啸灾害进行了监测评估。

四、水深遥感

水深遥感是一种利用遥感手段测量水深的方法。它可以发挥遥感"快速、大范围、准同步、高分辨率获取水下地形信息"的优点，解决灾害期间水深测量的困难，及时取得淹没状况的第一手资料；同时，还可以利用灾前、灾后及灾中的水深分布评估灾害损失。水深遥感方法可以用于大范围海域的水深图制作。海岸线、滩涂和珊瑚礁是全球最有活力和不断变化的区域，监视和测量这些变化是至关重要的，并且也是了解我们周围环境的重要方式。目前，主要使用高分辨率的多光谱卫星图像来计算近岸水深。

目前，用遥感手段进行水深测量主要依靠可见光波段。可见光具有最大的大气透射率和最小的水体衰减。可见光波段测时原理是基于光线对水体的穿透。当水体足够清澈时，水体后向散射较小，太阳辐射能穿透到底部并反射回传感器，根据传输路径提取出水深信息。一旦水体浑浊度增加，水体后向散射量会很快大于水底反射分量，而前者与水深具有良好正相关，依此能估算水深。

WorldView-2 是一颗能够提供 1.84m 多光谱图像的商用卫星，新增加的海岸波段主要在 400～450nm，水体吸收最小，具有很强的水体渗透能力，对于海洋测深的研究和海岸生态分布图制作很有帮助。引入更高分辨率带有海岸线蓝波段的 WorldView-2 影像，会大幅度地提高测量水深的深度和精度。预计研究者利用海岸线波段、蓝波段和绿波段能够测量出 20～30m 水深。

第六节　遥感技术在国土资源管理中的应用

一、在煤矿山环境监测评价中的应用

（一）煤炭遥感技术的发展

1.遥感数据源

常规的煤田遥感多用于大区域的构造解译和找煤，主要采用的数据源从最早的航空相片到多波段的 TM 和 ETM 图像，以及分辨率较高的 SPOT、QuickBird、ALOS 等。随着遥感数据多样化和精细化的发展，煤田应用方面所采用数据源的时空分辨率及光谱分辨率普遍提高。随着遥感应用领域对高分辨率遥感数据需求的提高以及遥感数据获取技术不断地发展，应用于煤田遥感的各类数据分辨率的提高将成为普遍发展趋势，为煤田遥感由常规宏观的解译向专题精细的分析发展奠定了基础。

自从 2010 年我国高分专项批准实施以来，已成功发射高分 1 号高分宽幅、高分 2 号亚米全色、高分 3 号 1m 雷达、高分 4 号同步凝视、高分 5 号高光谱观测、高分 6 号陆地应急监测、高分 7 号亚米立体测绘等 7 颗民用高分卫星。低轨遥感卫星分辨率由 2.1m 提高到 0.65m，静止轨道遥感卫星分辨率由千米级提高到 50m，高分专项数据已成为我国主体业务重要的手段，大大提高了中国天基对地观测水平，已成为国家治理体系和治理能力现代化的重要信息技术支撑。

2.遥感数据获取技术

随着无人机和传感器的发展，遥感数据采集技术取得了进步，可以用携带传感器的微小卫星快速获取高分辨率的成像光谱仪数据。除此之外，机载和车载遥感平台以及超低空无人机载平台，都为快速获取遥感数据提供了便利。特别是利用无人机作为遥感平台，集成小型高性能的遥感传感器和其他辅助设备，形成快速获取遥感数据的模式已成为当前的主要趋势，在煤田遥感、煤矿区资源环境等领域广泛应用。

3.遥感数据处理技术

随着遥感技术的进步，遥感数据面向高空间分辨率、高光谱分辨率和高时间分辨率发展；遥感技术综合应用的深度和广度也不断扩展，从单一信息源分析向多源信息的复合分析发展，从定性判读向定量分析发展，从单时相的静态研究向多时相的动态研究发展。传统的遥感数据处理技术迎来了新的挑战，海量的遥感数据亟待自动化、智能化。目前，多源卫星遥感数据的处理正趋于高效化和精细化，并已取得初步成效。

近年来，国内外相继推出了遥感图像自动化处理商业平台，基于国外卫星数据和国产陆地卫星（高分系列）、资源卫星（资源02C星）、海洋卫星和商业卫星（北京二号、高景一号、珠海一号）等数据的标准化处理，提供多尺度、标准化、有效且多星融合的卫星影像产品，可实现以国产卫星影像为主，持续、快速处理遥感信息。同时，GIS技术的发展为遥感技术提供了各种有用的辅助信息和分析手段，提高了遥感信息的识别精度，实现了空天地一体化的数据采集、自动化的几何处理和智能化的专题信息提取等。

（二）煤炭资源开发利用环境评价

随着我国资源开发程度的提高，煤炭行业由资源开发向资源与环境协调发展转变。遥感技术在煤炭资源开发利用、环境监测与评价方面取得了长足的进展，大量新型的遥感数据在煤矿山环境监测领域投入使用，多源、多平台、高分辨率的遥感数据综合形成矿山全周期的环境监测技术，从不同角度反映煤矿山地质和环境问题，为煤矿山环境修复治理与环境保护工作提供了丰富的基础数据。

卫星遥感技术基于多平台、多种类、多尺度的遥感数据，对矿区生态环境（比如露天采矿场、开采塌陷地、矿山固体废弃物排弃场）、矿区地质环境（崩塌、泥石流、滑坡、地表沉降、地裂缝）进行中等比例尺度的调查和监测。低空无人机遥感则基于固定翼、多旋翼飞行平台，搭载可见光、多光谱、高光谱、热红外、激光雷达等传感器，可以对矿区生态环境进行大比例尺高分辨率的调查和监测。

1.煤矿山环境监测

煤矿山的开发引发了一系列的矿山环境问题。以往采用卫星遥感技术，开展煤矿区资源开发状况和矿山环境遥感地质解译、矿山环境问题区监测；通过实地调查验证，评价矿山环境分布状况。随着低空无人机技术的普及和物联网技术的发展，对于从事生产的煤矿山，遥感矿山环境监测由单纯的遥感解译提升为"卫星遥感+无人机遥感+物联网"的矿山环境监测模式，利用卫星高分遥感影像对植被类型、植被损毁面积、复垦区植被面积、植被覆盖度及土地利用类型图斑进行解译。采用雷达遥感数据，如 Sentinel-1、ALOS 等，利用合成孔径雷达干涉（InSAR）技术对多期数据进行叠加分析，获取煤矿区地表沉降区域，圈定沉降中心、沉降范围及沉降量，评价采煤沉陷区稳定性，以及进行趋势预测，以指导矿区安全生产。

利用无人机航拍，对煤矿地质灾害（地面塌陷、裂缝、滑坡、崩塌）发育情况、地形地貌景观（包括植被损毁面积、土地压占规模）破坏情况、土地损毁情况（损毁的面积、地类、程度）、复垦区植被状况进行监测，可以与卫星遥感监测效果进行互补与验证。

通过部署地表各类物联网监测仪器，对地表形变、地下水、降雨量等信息进行收集，结合实地野外调查及采样测试，对监测区域的地下水环境、土壤环境、各类矿山地质环境问题的变化趋势进行预测评价，可以为进行矿山地质环境保护与恢复治理提供依据。

2.煤矿绿色矿山建设

矿区环境与资源开发方式是绿色矿山建设的重要评估指标。在绿色矿山建设评估审核中，选取煤矿区的高分卫星影像，按照《绿色矿山建设评估指导手册》中"绿色矿山评分表"对煤矿区开发环境进行全要素解译；结合实地调查验证，编制矿区绿色矿山遥感图件；根据不同区域的环境特征和复垦绿化情况，直观核查绿色矿山主要环境指标的建设效果和存在的问题，进一步指导有针对性的修整，从而为绿色矿山建设评估提供基础依据。经过一系列的遥感绿色矿山评估与实践之后，可以得出结论，高分辨率遥感技术在绿色矿山基础可视指标的评估中，具有宏观、经济、高效的优势，可进一步推广使用。

3.煤矿山环境恢复治理

矿山环境恢复治理遥感监测体系的构建，以多源、多平台遥感技术（卫星、无人机）为主，辅以常规的地表监测、地质调查、物探、钻探等工作。卫星遥感技术基于多平台、多种类、多尺度的遥感数据，对矿区生态环境（露天采矿场、开采塌陷地、矿山固体废弃物排弃场）、矿区地质环境（崩塌、泥石流、滑坡、地表沉降、地裂缝）进行中等比例尺度的调查和监测。无人机遥感技术基于固定翼、多旋翼飞行平台，搭载可见光、多光谱、高光谱、热红外等传感器，对矿区修复治理工程进行大比例尺高分辨率的监测，对修复治理工程进展和修复治理效果进行监管。

在我国高原高寒地区首例矿山环境修复治理工程——青海木里矿区矿山环境修复治理中，面临矿山环境背景资料缺乏、工期紧、施工难度大等问题。但是该工程的技术人员通过卫星遥感进行数据分析与信息提取，快速查清了矿山环境问题，制定了科学合理的修复治理方案，并且对修复治理工程开展了无人机遥感监管，高效获取了工程方案，直观展示了修复治理的效果，实现了矿山修复治理的精准可视化评价，为遥感技术有效支撑矿山环境恢复治理工程化应用提供了新的服务模式和借鉴。

4.煤火区评价及碳排放监测

煤炭自燃不仅破坏宝贵的煤炭资源，也向大气中排放大量的二氧化碳，加速全球变暖进程。减少煤炭自燃现象的发生，也是碳减排（即低碳环保节能减排）的主要治理目标之一。随着遥感图像光谱分辨率、几何分辨率的提高，以及低空无人机和热红外成像仪的技术发展，遥感煤田火区技术应用朝着精细化、定量化方向发展。

煤田火区遥感探测从传统的低分辨率、大范围的监测到高分辨率、小范围的精细化调查，由面及点，由煤田到具体的着火点，为灭火工程设计提供直接依据。利用卫星遥感、低空无人机遥感和地表调查相结合的技术，面向煤田火区治理的全流程，构建的天空地时煤田火区遥感监测方法体系，广泛应用于火区调查、治理设计、施工、监测等方面。近年来，在陕北侏罗纪煤田浅部煤层自燃综合治理区、杨伙盘生产矿井工作面地表火区和内蒙古古拉本煤田等火区调查治理中，遥感监测取得了良好的效果。

在煤田火区碳监测方面，遥感监测人员可以通过综合遥感圈定出的火区面积，监测火区地表出口处的二氧化碳浓度，再从排放通量、时间和面积等多个因素考虑，构建煤田火区碳排放通量计算模型，实现煤田火区碳排放通量的动态计算。针对煤矸石山，可以应用遥感技术监测煤矿矸石山的分布、恢复治理及再生利用情况，结合热红外遥感，调查矸石山的自燃情况，为掌握煤炭矸石山碳排放情况提供基础数据。

5.煤矿山环境监测

遥感监测人员应面向矿山开采与恢复的全生命周期，以大数据、云计算、物联网、遥感等新技术和新方法为手段，整合矿山地质环境调查、动态监测、生态修复与治理工程监管数据库，有针对性地开展矿山地质环境监测工作；从矿山环境问题评价、治理工程的监管和生态环境常态化监测等方面，展示矿山环境变化与修复治理效果，建设矿山地质环境监测平台，为矿山地质环境修复治理和生态环境保护提供依据。

同时，遥感监测人员应基于云平台，开发矿山环境保护与生态修复监管"一张图"系统，全面掌握矿山地质环境破坏、治理的现状和变化，分析其原因和发展趋势，客观、准确、及时地为矿山地质环境保护和生态修复工作提供基础资料和科学依据。

新时代生态文明建设和"双碳"战略的实施，使煤炭行业向清洁绿色高质量发展转变，煤炭遥感应用由服务于煤炭勘查大幅度向煤矿区环境保护发展。随着科技的进步，多平台、多传感器、多时相、多光谱以及多空间分辨率的遥感数据综合应用，已成为目前遥感技术的重要发展方向。同时，人工智能、物联网、大数据的发展又促进了遥感数据与地学数据的有机融合，高光谱遥感、定量遥感的不断创新，为煤炭遥感深度发展提供了保障。

遥感时空大数据将进一步精准、高效服务于煤矿山环境监测评价，未来还需加强煤矿山环境遥感应用与云计算、大数据、人工智能等前沿技术的交叉融合，促进煤炭遥感朝着自动化、规模化、定量化、智能化的方向转型。

二、在油砂勘探中的应用

（一）研究区概况

我国拥有比较丰富的油砂资源，主要形成于燕山期和喜山期。

大多数古生代的油砂矿形成于燕山期，主要分布在南方的黔南坳陷、南盘江坳陷、黔北坳陷和桂中坳陷的古生代盆地。这些盆地中古生界的烃源岩在加里东或印支期进入生油高峰期，形成了古油藏。由于燕山运动使古油藏抬升，为油砂矿的形成创造了条件，但后期由于构造运动的改造，使得油砂的质量下降，甚至变成干沥青。

中、新生代油砂矿则形成于喜山期，主要分布在准噶尔盆地、塔里木盆地、二连盆地、四川盆地及鄂尔多斯盆地。这些盆地的烃源岩在燕山晚期或喜山早期进入生油高峰期，形成了古油藏。喜山运动使古油藏抬升或被破坏，原油遭受水洗、氧化等冷变质作用或再次运移到浅部储层或地表，形成油砂矿。这个时期形成的油砂具有矿点丰富、含矿层位多、含油率较高、油质好等特点，是我国重要的油砂成矿期。

我国西部的盆地是多种性质叠合的盆地，因此，同一个盆地油气成藏具有多套烃源岩、多期生烃、多期成藏、多期改造的特点。将发育完好的叠合盆地的发展阶段划分为地台盆地阶段、内陆湖盆地阶段和前陆盆地阶段。处于地台盆地阶段的基底构造，即控制油藏的存储盖组合和圈闭构造；在内陆湖盆地阶段，盆缘造山运动对生储盖的发育和圈闭构造的位置产生直接的影响；印度板块与欧亚大陆碰撞后，挤压盆底全面进入前陆盆地发育阶段，盆地前缘往往控制生烃和生油中心。中生代、新生代以来，造山作用明显，盆缘的山前带或大型隆起带上构造活动强烈，古油藏被抬升到地表或遭到破坏后，原油向浅层、地表运移，形成了油砂矿分布带。

准噶尔盆地、塔里木盆地、柴达木盆地属于西部高寒山区，是极具找矿潜力的油砂资源重要成矿区域。对油砂资源的快速勘查、评价，可以将资源优势变为经济优势，能在一定程度上带动西部地区经济发展。但自然条件恶劣（干燥寒冷、空气稀薄）、地理位置偏远、交通不便等因素，对油砂的勘探极为不利，因此，利用遥感技术对油砂进行识别提取的研究十分必要。而且这三大盆地位于我国西北部，具有气候干燥、植被稀疏、基岩裸露的特点，遥感技术在此可发挥极大优势。

1.准噶尔盆地

准噶尔盆地位于我国新疆维吾尔自治区北部，是一个被西北缘的西准噶尔山、东北缘的阿尔泰山、南边的北天山山脉围成的一个封闭式的三角形内陆盆地，形成于晚石炭世，经历了晚海西期的裂陷、印支—燕山期的坳陷、喜马拉雅期的收缩—整体上隆阶段，形成了多回旋的存储盖组合，是我国大型含油气盆地。其演化可划分为前陆盆地阶段、凹陷盆地阶段和再生前陆盆地阶段。在多次构造运动中，形成背斜、断块、不整合、岩性、潜山等油气藏，同时，也有地层的侵蚀、断裂来破坏已形成的油气藏，致使油气发生多次运移和聚集，轻质组分流失石油变得越来越稠、越来越重。整个稠变的过程由深层到浅层，有的甚至出露地表，最终形成油砂或固体沥青。盆地周边可见到大量的不同类型的油气显示，主要分布在盆地西北缘的加依尔山—哈拉阿拉特山山前、南缘的天山山前、东缘的克拉美利山山前。

准噶尔盆地埋藏 100m 埋浅的油砂地质资源量为 5.1 亿吨，可采资源量 4.15 亿吨；100～500m 埋深的油砂资源量为 9.2 亿吨，可采资源量 5.52 亿吨；0～500m 埋深范围的油砂资源量共计 14.3 亿吨，可采资源量 9.67 亿吨。

根据准噶尔盆地的地质演化及油砂成因，其目标富集区应该分布在西北缘、南缘及东缘。

准噶尔盆地西北缘具有丰富的油砂资源，矿藏类型典型，出露规模大，研究程度相对较高，是最有希望进一步扩大资源量和寻找新油砂矿藏的地区，也是研究油砂成矿规律或模式的理想地区。西北缘地表油砂分布与重油、常规油密切相关，从深层到浅层再到地表，常规油、重油、油砂分布。平面上分布比较集中，主要分布在红山嘴区、黑油山区、白碱滩区和乌尔禾区。

盆地南缘位于天山山前地带，演化过程中的构造活动为油砂富集创造了有利的条件。在乌鲁木齐以西，天山上隆、侧向挤压及山前坳陷内基底断裂，使新生代地层褶皱成近东西向的背斜构造带，且沿背斜轴面有南倾的逆断裂，构造破坏严重；乌鲁木齐以东，则是博格达山的弧形凸刺向挤压形成的复杂断裂背斜带，构造破坏更严重，断裂也更严重。乌鲁木齐山前坳陷是准噶尔盆地的沉积中心，有上三叠统巨厚（约 6000m）的生油岩，又有近 12000m 的中生界碎屑岩沉积。在丰富的油源和构造条件背景下，盆地南缘的油气显示非常丰富。

东缘的油气显示与该区地质构造有很大关联，在克拉美利山南麓随基底上隆而形成一系列近南北向的背斜后，又发生了克拉美利山的隆起，使各背斜北端出露地表、储集层裸露，为油砂的形成创造了条件。

2.塔里木盆地

塔里木盆地位于新疆维吾尔自治区南部，是我国最大的内陆盆地，面积约 560000km^2，东面与甘肃敦煌盆地相邻，北、西、南面由天山、帕米尔、昆仑山和阿尔金山围绕。盆地的演化从震旦纪至第四纪（8 亿年），经历了克拉通边缘坳拉槽、克拉通坳陷、大陆裂谷等 6 个不同的构造沉降和 5 次隆起剥蚀事件，最后形成一个具有陆壳基底、叠合复合的大型克拉通盆地，并发育有 4 套烃源岩、5 套储层、5 套区域性盖层。烃源岩展布和生烃、排烃期与圈闭形成期的时空关系对油气藏的形成有决定性作用，同时，存在不同程度的后期调整、破坏和再成藏作用。塔里木盆地在地台型盆地发展阶段，古生界巨厚的烃源岩和地温长期处于低值，为长期生烃和多期成藏提供重要的条件；古隆起和古斜坡控制了古生界海相油气的运移、聚集和成藏；古生界非构造圈闭也是大型油气田的主要成藏类型。中生界的内陆湖盆地阶段，高有机质丰度的三叠、侏罗系烃源岩提供了充足的气源。新生界的前陆盆地阶段，不仅形成了丰富的油气资源，而且塔西南坳陷、库车坳陷和柯坪—巴楚隆起带上已形成的油气藏，在新生代的挤压作用下被破坏，为油砂矿的形成创造了有利条件。

根据油砂的成矿条件和塔里木盆地的地质概况可知，在盆地西缘、北缘、西南、东南均存在油砂的有利成矿带。

塔西有被断层破坏的含油构造，为油砂有利区，但规模不大。

在塔里木盆地北缘库车坳陷呈现北东东向展布，其北边是南天山山前断裂带，南缘与塔北隆起相邻。库车坳陷的地表含油显示占全盆地油气显示的一半以上，是塔里木盆地最丰富的地区。先期形成的油藏油层及黑英山构造油气的侧向运移，为油砂及油苗的形成提供烃源条件；巴什基奇克背斜构造中沥青和油砂均有分布，且较多；依奇克里克油砂分布集中，出露情况较好。

塔西南坳陷北邻南天山褶皱带西段，东北与中央隆起相接，西南侧为西昆仑山褶皱带，东南接塔南隆起。盆地内的侏罗系烃源岩为晚期生烃，在早第三纪末才有局部地区进入生油期，直到晚第三纪的上新世才出现大面积的生油窗，这也是原油的主要形成时期。凹陷北部的局部构造为较有利的储油构造，因此，是烃类运移的指向区。上新世晚期北部的喀什凹陷开始抬升，早期形成的油藏遭到破坏，为形成地表油苗或油砂创造了条件。

塔东南有重要的烃源岩及构造条件，但是是塔里木盆地勘探程度较低的一个地区。

3.柴达木盆地

柴达木盆地位于青藏高原的北部，其四周被祁连山脉、阿尔金山脉、昆仑山脉所包围，呈不规则菱形。盆地大地构造位置处于古亚洲构造域和古特提斯—喜马拉雅构造域的接合部，是在印支运动后发育起来的一个陆相含油气中、新生代沉积盆地，具有复杂的地理环境和独特的石油地质条件。由于盆地经历了早、中侏罗世断陷沉积，晚侏罗世—白垩纪挤压、抬升、剥蚀，老第三纪挤压、走滑、坳陷和新第三纪—第四纪挤压、推覆褶皱、沉降坳陷四个阶段的演化，为油砂矿的形成创造了条件。但盆地内部海拔在 2800～3000m，气候干旱、寒冷，地表多为戈壁沙滩、盐泽、风蚀残丘，自然地理条件差，油气探明程度均很低，油砂资源具有良好的开发价值和开发前景。

柴达木盆地地层的分布严格受其演化过程控制，具有明显的分区性：中生界主要分布于盆地北缘的断块带，第三系分布于西部坳陷区，第四系在东部的坳陷区。根据柴达木盆地的油藏分布及构造演化，将油砂目标研究区锁定在靠近盆地北部、西部的地区。

柴达木盆地北缘的西北部与阿尔金山相连，东北与祁连山相连，南部和西部以鄂南断裂为界分别与东部坳陷区、西部坳陷区相邻。柴达木盆地北缘主要的烃源岩层系为中、下侏罗统，储层段为侏罗系和白垩系，油气分布受断裂控制。红山构造带、路乐河构造均是有利于油砂富集的背斜构造；鱼卡背斜核部被剥蚀并出露地表，也是油砂有利区；冷湖三号、四号及五号构造都具备油砂形成条件。

柴达木盆地西部地区的西北部与阿尔金山相连，东北以鄂南断裂为界与北缘块断带相邻，东南以红三旱四号、船形丘、弯梁构造东倾末端和塔尔丁断裂为界与东部坳陷区相邻，西南部与昆仑山相连。在横向上，油气分布严格受生油凹陷控制；纵向上油气藏的分布受构造和岩性因素控制。油砂山、干柴沟、油泉子、小梁山等均处于利于油砂聚集的构造带。

柴达木盆地东部地区的烃源岩和储层均为第四系地层，成藏时间较晚，勘探程度较低。

（三）结果分析

在 ENVI5.3（遥感图像处理软件）中，对研究区预处理后的 Landsat8 OLI 影像，利用构建的油砂指数对其进行提取。为消除散点异常的影响，所有研究区影像在油砂信息提取前都进行了低通滤波处理。同时，为了将油砂信息强弱分级显示，以各数据偏离均值的程度为标准划分，分为强、中、弱三级在结果中显示。

1.准噶尔盆地研究区识别结果

准噶尔盆地位于我国西北边陲，是我国大型含油气盆地。在多次构造运动中，形成背斜、断块、不整合、岩性、潜山等油气藏。同时，也有地层的侵蚀、断裂来破坏已形成的油气藏，致使油气发生多次运移和聚集，轻质组分流失石油变得越来越稠、越来越重，最终形成油砂或固体沥青。盆地周边可见到大量的不同类型的油气显示，本研究在盆地西北缘、南缘、东缘各选一个研究区，在遥感 Landsat8 OLI 影像上利用油砂差值指数、比值指数和归一化指数，分别对所选的三个研究区进行油砂提取，以下为结果分析：

（1）准 I 研究区结果分析

准 I 研究区位于准噶尔盆地西北缘，具有丰富的油砂资源，矿藏类型典型，出露规模大，是研究油砂遥感识别模式的理想地区。从三类油砂指数对比识别结果可以看出，差值指数、比值指数、归一化指数均对油砂矿区及有利区具有指示作用，归一化指数相较差值和比值指数可以去除一些路面沥青干扰信息的影响；在已知的油砂矿区，比值和归一化指数识别效果良好，差值指数干扰信息较多；对成矿有利区的指示，三类识别指数与野外验证均吻合较好；不论已知矿区还是有利区，对于色调较暗的地方，比值和归一化指数识别效果比差值指数好。综合考虑可得，比值识别指数和归一化指数在该区的应用效果较好。

在野外调查中，遥感影像中指示的成矿有利区、带，可见油砂多呈黑色粗砂岩、含油饱满、油味浓重、平面上分布比较集中，主要分布在红山嘴区、黑油山区、白碱滩区和乌尔禾区；同时，发现三类指数的识别结果对油砂含油级别起到了一定的划分作用。

从已有的地质资料可知，喜马拉雅运动使准噶尔盆地西北缘全面抬升，克拉玛依逆断裂带贯穿全区，地表出露石炭纪、三叠纪、侏罗纪、白垩纪地层，呈东南倾向单斜，在加依尔山的侧向挤压下，形成一系列的宽缓背斜、向斜，为盆地内主要的油气富集区；同时，因地层剥蚀使油气藏遭到破坏，从而有条件形成广泛的油砂矿带。红山嘴地区油砂主要分布于白垩系吐谷鲁组下部的砂岩和底部砾岩，分布面积大、层位稳定、产状近似水平，平均含油率7%。黑油山三区地层总体倾向南东，发育有三条北东向逆断层和局部小型褶皱，油砂分布在克拉玛依组和白碱滩组，为黑色粗砂岩，含油饱满。白碱滩地区油砂露头主要在调节水库以北水渠附近白垩系地层中，水渠两侧仍有修渠时挖出的油砂，色黑、含油饱满。乌尔禾位于准噶尔盆地西北缘风城地区，有西北缘最大的一座油砂露头，为白垩系东南倾向地层，分布集中、厚度大。车排子地区具备与红山嘴类似的油砂成矿条件，并且在遥感影像上也有油砂异常信息，因此，推测该区内也有油砂分布。

根据遥感识别油砂异常分布信息，并结合已有地质资料进行分析可以得知，遥感对已知油砂区的识别与未知区的预测应用效果均良好。

（2）准Ⅱ研究区结果分析

准Ⅱ研究区位于盆地南缘天山山前地带，演化过程中的构造活动为油砂富集创造了有利的条件。利用本研究构建的遥感油砂识别指数对该区进行实验，结果显示，比值指数和归一化指数识别的油砂分布与地质有利成矿带结果吻合度高，而差值指数指示的油砂干扰信息较多。分析差值指数识别结果中的干扰信息发现，准Ⅱ研究区均为人类活动频繁的地方，推测构建的差值指数在区分人类活动信息和油砂信息方面的能力较弱，该区主要以比值和归一化指数识别结果为油砂远景区提供预测依据。

据已有地质资料显示，该区属于乌鲁木齐山前坳陷带，有侏罗系、第三系生油坳陷，并发育一系列近东西向背斜，后期破坏严重，因此油气显示丰富，以含油砂岩和液体油苗为主。因此，遥感油砂异常具有可信度，能够为该区油砂找矿提供依据。

（3）准Ⅲ研究区结果分析

准噶尔盆地东缘具备油砂形成的条件，但勘探程度不高，选择准Ⅲ研究区进行遥感研究实验，从三类油砂识别指数的结果可以看出，比值和归一化指数的识别结果除了与已知矿区吻合度较好外，对油砂有利区也有很好的指示作用，差值指数干扰信息较多。分析差值指数识别结果中的干扰信息可知，干扰信息多为风沙沉积物，比值和归一化指数识别结果则能够为该区遥感油砂找矿提供可靠的依据。

根据该区的遥感油砂异常识别结果，查阅相关地质资料发现，该区属于沙奇隆起区的北端，有一系列近南北向的背斜，随着克拉美利山的隆起暴露于地表，使储层裸露，在沙丘河地区形成油砂。

2.塔里木盆地研究区识别结果

塔里木盆地具备油砂地质形成条件的区（带）有4个，在本研究中均作为该盆地遥感油砂识别的研究区。利用油砂差值指数、比值指数和归一化指数，在遥感 Landsat8 OLI 影像上，分别对4个研究区内的油砂分布进行提取，分别得到4个研究区利用油砂识别指数得到的结果，以下为结果分析：

（1）塔 I 研究区结果分析

遥感识别结果与该区内野外调查吻合，油砂出露于杨叶鼻状构造两翼的断裂线上，油味浓重。该构造轴线近东西向，南北两翼分布东西向断层，红色砂砾岩及断壁倾没处油砂含油性较好，沿断裂带的矿坑内水面上可见飘浮油花，且有天然气逸出。在该油砂富集区，三类油砂指数识别的油砂分布的变化可以反映含油率的变化趋势。

根据已有地质资料显示，该区的杨叶鼻状含油构造位于沙里塔什背斜南翼，被断层破坏，油砂沿鼻状背斜南翼的断层分布；克孜洛依构造南翼底部砂岩组为浅棕色、有油味砂岩。由此可见，地质油砂异常与遥感油砂异常结果吻合度较好。

（2）塔 II 研究区结果分析

塔 II 研究区位于库车坳陷，在塔里木盆地北缘呈现北东东向展布。库车坳陷的地表含油显示占全盆地油气显示的一半以上，是塔里木盆地含油最丰富的地区。从遥感油砂识别结果可以看出，分布近乎东西向，与库车坳陷近乎一致。根据野外验证发现，比值、归一化指数的识别效果从分布范围与野外调查（红色圆点）吻合度高，指示的油砂分布区野外出露较好、分布集中，油气味道浓烈，且对油砂含油级别有一定的划分作用。

结合野外调查和相关地质资料查阅得出，黑英山和巴什基奇克已知油砂分布区的识别效果较好，且油砂遥感异常信息的强弱对含油等级具有划分作用。对依奇克里克地区的预测，也有相关地质资料显示该区内分布黄绿色、具有浓重油气味的砂岩。因此，遥感在该区对已知油砂区的识别和未知油砂区的预测结果与地质资料吻合。

（3）塔III研究区结果分析

塔III研究区位于塔西南坳陷，北邻南天山褶皱带西段，东北与中央隆起相接，西南侧为西昆仑山褶皱带，东南接塔南隆起。在这个研究区内可以看出，遥感油砂差值、比值、归一化指数识别结果基本与地质角度指向一致。

根据地质资料显示，该区位于叶城坳陷，西南侧为昆仑山褶皱带，具备油砂形成的烃源岩条件和构造条件。因此，油砂遥感异常信息，能够为该区的油砂预测提供一定的参考。

（4）塔IV研究区结果分析

塔IV研究区位于塔东南坳陷，该区有重要的烃源岩条件及构造条件，但是塔里木盆地勘探程度较低的一个地区。根据遥感油砂差值、比值、归一化指数识别结果最终得出，三类指数的识别结果均指向了若羌油苗区，该区野外可见重油残留，可作为遥感油砂预测的远景区。

3.柴达木盆地研究区识别结果

在柴达木盆地选择具备油砂成矿条件的3个研究区，利用构建的油砂指数对其在遥感 Landsat8 OLI 影像上进行识别，以下为结果分析：

（1）柴I研究区结果分析

柴I研究区内三类油砂指数的识别结果，均与实际分布的吻合度较高。区域内确实存在大量的油砂露头，空气中有浓重的油气味，且野外分布与遥感识别结果吻合度很高，其中比值指数和归一化指数显示的结果与野外勘探几乎是完全吻合的。

（2）柴II研究区结果分析

根据油砂的成矿条件与柴达木盆地的地质构造，推测出柴II区内可能有油砂，因此可以利用遥感技术对其进行识别。根据柴Ⅱ研究区内油砂差值指数、比值指数和归一化指数的识别结果最终得出，油砂露头，空气中弥漫明显的油气味，在太阳照射强烈的正午尤其浓重；也有棕褐色油斑，略显油味，棕色或灰色油迹则不显油味。结合识别结果与野外分析可知，三类油砂指数识别结果均可靠。

（3）柴Ⅲ研究区结果分析

柴Ⅲ研究区内，鱼卡、马海等地区均为油砂成矿有利区。遥感技术识别的结果显示：差值指数对于正在开采的油砂矿不敏感，比值指数和归一化指数识别效果很好，而且归一化指数能够消除一部分运输路线表面由于油污造成的干扰信息；在已知油砂矿区，比值和归一化指数的识别结果中，油砂信息强弱的分级与实际油砂含油量级有一定的对应关系；在油砂矿有利远景区，差值、比值、归一化指数识别出的油砂信息含油等级依次增加。三类油砂指数识别结果在柴Ⅲ区内差异较大的原因可能是，该区内正在开采的油砂矿区域在遥感影像上的色调差异本身很小，差值对其增强效果不好。因此，在色调差异较小的区域，应考虑利用油砂比值指数或归一化指数对其遥感异常进行识别。

三大盆地内油砂遥感识别的结果表明，可以通过相关性分析的方法对特征波段进行选取，并且构建遥感油砂指数的方法对识别星上油砂遥感异常具有良好的效果。比值指数和归一化指数的识别结果受地表干扰信息少，且对油砂信息的增强明显，而差值指数受影像上地物色调、人类活动、地表沉积物等的影响，对某些研究区识别的油砂信息干扰较多，因此，遥感在西北三大盆地油砂分布及远景区预测中，建议以油砂比值指数和归一化指数的识别结果作为主要依据。根据星上油砂遥感异常识别在三大盆地研究区的应用结果和野外调查结果可以发现，各油砂识别指数识别结果中，对油砂信息强弱的划分与实地油砂含油等级吻合；差值指数、比值指数、归一化指数识别的油砂信息对含油量级也具有一定的指示作用，呈依次递增趋势。

三、在山区公路地质选线中的应用

本部分内容以广西某高速公路改扩建工程为背景，将高精度无人机遥感技术应用到实际项目中，选取适合山区飞行的无人机遥感系统，布设合理的像控点并进行精确测量，规划航线获取影像数据，运用情境捕捉（以下称 Context Capure）等软件对无人机遥感影像进行空中三角测量等处理，获取三维模型和 4D 成果。最后，使用开发的高精度无人机遥感技术，辅助公路选线系统制定该项目的工程地质选线方案。

（一）工程概况

本工程为广西某高速公路改扩建项目。该高速是《国家公路网规划（2013—2030 年）》中高速公路网主干线之一，泉州至南宁（G72）高速公路的主骨架，是国内区外省份与东盟进行经济贸易活动的便捷大通道，是广西"北部湾经济区"与内陆联系的主要陆上通道，是目前广西最繁忙的高速公路之一。经过十多年的使用，道路交通量急剧增长，部分路段已趋饱和。综合考虑社会、经济等因素之后，相关部门提出了两侧拼宽为主，局部单侧拼宽或分离新建的改扩建方案。建设标准如下：全长 100.168km，扩建为 8 车道，设计速度 100km/h，路基宽度 42.0m。

（二）工程地质条件

1.地形地貌

路线段地势西高东低，山势总体南北向，地势起伏较大，河流切割较大，区域可分为构造侵蚀剥蚀低山丘陵地貌、构造侵蚀剥蚀丘陵地貌、侵蚀堆积河谷阶地、溶蚀堆积孤峰平原地貌四个地貌区。

（1）构造侵蚀剥蚀低山丘陵地貌

地层岩性主要为泥盆系的碎屑岩沉积岩，局部夹碳酸盐沉积岩。地面标高一般为 200～500m，以线状侵蚀剥蚀为主，切深一般是 100～200m，沟谷横断面呈"U"字形，谷坡陡峻，谷坡坡度一般是 20°～40°，植被一般覆盖较好。由于地形陡缓不均，出露碎屑岩地表易风化破碎，又受地质营力影响，容易导致滑坡、岩溶、崩塌等地质问题。

（2）构造侵蚀剥蚀丘陵地貌

构造侵蚀剥蚀丘陵地貌主要分布泥盆系的碎屑岩沉积岩，局部夹碳酸盐沉积岩，地面标高一般为 100～200m，谷坡较缓，谷坡坡度一般为 10°～20°，植被一般覆盖较好。由于该段地质构造较发育、岩体较破碎，易导致滑坡等地质灾害。

（3）侵蚀堆积河谷阶地

河谷展布受构造控制明显，一般发育 1～2 级阶地，河流侧向侵蚀作用较强烈，局部地段受人类工程活动影响强烈。

（4）溶蚀堆积孤峰平原地貌

溶蚀堆积孤峰平原地貌为溶蚀堆积孤峰平原分布区。该段地势平坦，地表标高为 100～120m，受人类活动影响强烈。

2.地层岩性

根据区域地质资料显示，本项目区域出露地层有第四系、石炭系、泥盆系等，以泥盆系地层为主。

3.气候气象

项目所处区域为低纬度地区，属于亚热带季风气候。该地气候温和，冬短夏长，雨水充沛但分布不均，旱涝明显，年均温度为 21.0℃，无霜期有 331 天，降雨量达 1600mm，全年风向以偏北风为主。

公路起点与洛清江流向一致，故全线主要受洛清江影响，主汛期为 4—7 月；起源于龙胜县旁，最终汇入柳江，共 275km，面积为 7592km²。经观测，洛清江年均流量为 261m³/s，年径流量为 61.21 亿 m³，落差达 56.5m，比降为 0.548%。

4.水文地质

降雨入渗和地表水渗漏是项目区地下水补给的基本来源，并主要以渗透水流的形式向地表低洼处排泄。按照存储形式、水理特性、水力特点和岩性组合关系的不同，地下水可以被划分成一般碎屑岩裂隙水、第四系松散岩类孔隙水、碳酸盐岩裂隙水三种，项目范围内地区多为前两类，少部分地区是第三类。

5.地质构造及地震

项目区整体位于柳州"山"字型构造带，其位置大致在东经 109°～110°，北纬 24°～25°的地区，东西宽 100km，南北长 80km。该区域位于广西"山"字型构造内的一个小山字形构造内，从区域构造位置来看，该山字形构造恰位于南岭东西构造带上，前者系后者在特定的边界条件下经过改造和演化而成。

项目区断层较为发育，多为倾向南东的逆断层，构成东西向拱形挤压构造带，第三系之后存在部分构造活动。对本项目影响较大的是永福复活逆断层。该断层为区域性断裂。经江洲、永福、里定屯一线，断层方向与印支期褶皱平行，北段为 355°，南段为 40°，在区内长 82km。断层产状平缓，在永福城北区西约 4km 处所见，断面倾向西，倾角 22°～65°，活动期长，初期活动于加里东期，印支期与燕山期又有活动。该断层为本项目重点，与路线近乎平行，断层周边岩层破碎。

1971 年以来，项目区域一带共发生 6 起地震，震级为 3～5 级，但均不是震中，只是波及，破坏性小。本项目区域设计地震分组为第一组，设计地震烈度为 6°，设计基本地震加速度值为 0.05g，桥梁等构造物 6°设防，重点工程提高 1°设防。

（三）山区无人机系统配置

依据本项目工程地质条件，按照各系统技术指标的要求，选出适合本项目的无人机遥感系统。其具体配置如下：

无人飞行器系统为深圳哈瓦四轴八旋翼可折叠 MEGA V8III 测绘无人机，采用双电池动力系统，并配备 6 组电池，每组两块 31000mA，连续作业时间可达 5 小时以上。

飞控系统为工业级三冗余飞控 HW-FCS3。另外，即使任意一套系统失效，备份系统也能保证飞行器安全降落。飞控系统支持北斗、GPS、全球导航卫星系统（Global Navigation Satellite System，以下简称 GLONASS）三星定位，支持 RTK 实时定位，防中雨、抗 7 级大风，多线安全防护，厘米级精度，非常适合本项目的各项需求。

任务荷载系统选用五镜头倾斜摄影模块（YT-5POPCⅢ），5 个 CCD 同时开关机，倾斜相机角为 45°。

地面辅助系统为哈瓦便携式迷你航测地面指挥控制系统（GCS-20EX）。

（四）无人机遥感影像获取

本次选取 K1203—K1208 和 ZK1177—ZK1184 两段路线作为测区范围，共 1000m 长、500m 宽的带状范围，因采用 45° 的五镜头相机进行倾斜摄影，故外扩一个飞行航高距离 200m 作为航测范围。

1.像控点布设和测量

整个区域已经布设均匀分布的高等级控制点 52 个，采用的地理坐标系为 2000 国家大地坐标系（China Geodetic Coordinate System 2000，以下简称 CGCS2000）系统，投影方法为高斯—克吕格 3° 分带投影，高程系统为 1985 国家高程基准。经现场踏勘，选用覆盖测区的 8 个四等网控制点作为起算点，进行联测求取转换参数。

按照像控点布设原则，在航测范围两侧均匀布设 30 个像控点，但部分区域内全是树林，无法布设像控点。在平坦水泥路面采用涂漆式像控点，方便快捷，效果良好。在无法采用涂漆式像控点的土地选用标靶像控点。测区范围网络信号良好，故采用网络 RTK 实时动态定位测量，仪器为合众思壮测量型全球导航卫星系统（Global Navigation Satellite System，以下简称 GNSS）RTK-G970II，搭载最新 GNSS"天琴"，支持 GPS、GLONASS、Galileo 和 BDS 共四星全频段卫星信号接收，可实现全球单机厘米级定位，RTK 定位精度达到平面 8mm±1ppm，高程 15mm±1ppm。

网络 RTK 服务选用的是全球领先的精准位置服务公司千寻位置提供的千寻 CORS（连续运行卫星定位导航服务系统）服务，利用合众思壮 RTK-G970II 终端接收卫星信号，获得所在地点的粗位置数据，通过网络信号将位置数据和 Ntrip 协议参数（指在互联网上进行 RTK 数据传输的协议）上传到千寻平台，平台处理后的差分数据下传到终端，用终端的差分解算能力，综合解算初始观测数据及差分值并纠偏，获取高精度动态厘米级的坐标位置。最终获得部分像控点成果，见表 2-4（已做加密处理）。

表 2-4 像控点成果

点号	X 坐标（米）	Y 坐标（米）	H 高程（米）
G430	2***84.811	4***98.146	133.342
G431	2***05.494	4***65.202	155.478
G432	2***00.459	4***58.622	143.139
G433	2***76.866	4***05.426	149.882
G441	2***1.840	4***94.766	108.026
G442	2***24.038	4***36.265	115.680
G443	2***52.312	4***5.983	102.275
G452	2***48.085	4***31.353	144.849

2.航线规划

测区范围内高差起伏较大，需进行航摄分区，若按照高差不超过 1/6 航高划分，则需划分为数十个分区，每个分区航程较少，效率较低，故在一定高差范围内改变航高飞行，既能保证地面分辨率，又可以减少分区。在平缓地带采用固定航高飞行，在高差较大的山区采用改变航高飞行。共分成 6 个航摄分区，航线根据地形走向敷设。以 ZK1177—ZK1184 段测区为例，详细说明航线规划的具体操作。

（1）连接哈瓦便携式迷你航测地面指挥控制系统（GCS-20EX），进入配套的专业地面站软件中，新建航测任务。

（2）加载 Google 卫星地图等作为底图，导入测区范围 KML 文件（Google Earth 地标文件的类型之一），外扩一个航高距离作为飞行范围，设置各航测参数：地面分辨率≤5cm，飞行速度 8m/s，飞行高度根据航摄分区的地形差别控制在 150～200m，航向重叠度≥80%，旁向≥75%，相机设置为哈瓦倾斜五镜头 YT-5POPCⅢ。

（3）系统自动规划初步航线，然后根据航程、航高等参数合理调整每个架次的具体航线。对于本项目山区起伏高差较大的区域，改变航高飞行设置，即每条航线平行于等高线，每条航线完成后根据飞行速度和航高，依次升高 6～10m，变高距离随地形高差增大而增加，以保证地面分辨率和重叠率符合要求，该架次高程差距较大，每条航线提升 10m。

（4）查看航线高程信息是否满足飞行高度和地面分辨率的要求，再进行起飞点和降落点的选取，确认预估航程在续航里程范围内，本架次航线规划完成，保存上传。

3.影像拍摄

为选择合适的航拍时间并实地踏勘，本次任务选择在天气晴朗的 10 月初，上午 10 点左右；起降点选择视野开阔、地势平坦的区域；到达作业区域后，进行飞行前的各项检查；检查合格后进行作业，并在飞行过程中实时监控、拍摄；完成后进行质量检查；最终获得原始航片 36590 张，共 376GB。

（五）无人机遥感影像处理

1.坐标系统确定

本次项目像控点采集坐标为 WGS84 坐标系和大地高程，而控制点采用的是 CGCS2000 坐标系统和 1985 国家高程基准。为了便于影像处理，将像控点坐标按照 Bursa 三维七参数转换模型进行转换，统一以 CGCS2000 系统作为本项目坐标系统，投影方法为 Gauss-Kruger3°分带投影，高程系统为 1985 国家高程基准。

2.影像处理

近年来，随着无人机和倾斜摄影技术的高速发展，市面上推出了大量影像处理软件。国外的如德国 Inpho 摄影测量系统、Lps、PixelFactory，国内的如DPGrid、北京吉威时代的 GEOWAY 系列、航天远景的 Matrix 系列等。以上都基于传统的数字摄影测量开发的无人机影像处理系统，也有基于计算机视觉开发的三维实景建模软件，常见的有瑞士 Pix4D 公司的 Pix4Dmapper，俄罗斯Agisoft 公司的 Metashape、美国 Bentley 公司的 Context Capture 等。

Inpho 是全球领先的数字摄影测量系统，共有 9 个模块，适用性广，处理正射影像的效果较好，但由于太过专业，新手不太容易上手；Pix4D mapper操作简单，处理过程完全自动化，上手门槛低，但由于人工干预少，对原始数据要求高，而且生成三维模型质量有限；Metashape 能创建较好效果的三维实景模型，但对于复杂场景的处理能力有限；Context Capture 的三维模型效果质量非常高，与其他第三方软件兼容性较好，但需要较高的硬件配置或者多台电脑集群操作。综合考虑各软件的处理效果和操作难度之后，项目最后选择了目前市场占有率较高、处理效果较好的 Context Capture，作为本项目的无人机影像处理软件。

Context Capture 软件包括 Master、Engine、Viewer 三个模块。Viewer 为模型浏览工具，对于最终成果进行浏览查看，并有距离、面积、体积等量测功能；Master 为主模块，用一个图形用户界面，来定义输入数据、处理设置、提交处理任务和监控进度，以及以可视化方式呈现结果；Engine 为引擎模块，在计算机后台运行，负责执行海量数据运算。由于采用了这种"主模块－工作模块"模式，Context Capture 支持集群运算，只需在几台计算机上运行多个 Context Capture 引擎并建立共享作业队列，就能大幅缩短处理时间。

通过导入的 POS 信息、相机参数等数据，对每张影像进行几何校正，并对各个影像中出现的像控点进行刺点操作，提高后续空三角加密的精度。使用基于特征的匹配算法进行特征点匹配，然后采用光束法区域网平差进行空中三角测量，运用 Context Capture 独特的三维网格优化算法进行点云三维构网、纹理映射以及针对连接点重构纹理和重建约束的处理。

3.处理成果

通过 Context Capture 软件进行空中三角测量、影像预处理、点云三维构网、纹理映射等操作，最终得到高精度的三维实景模型、正射影像图和数字地表模型。

4.数字线划图生产

本项目选用北京山维科技股份有限公司研发的清华山维 EPS 三维测图系统进行数字线划图采集，不仅可以基于正射影像 DOM 和数字高程模型 DEM 进行垂直摄影测图，还能基于倾斜摄影生成的实景三维模型进行三维测图。三维模型更加直观方便，因此选择直接导入生成的 OSGB 格式实景模型进行数字线划图采编。

在右侧三维视图中进行房屋、地形等地物要素绘制时，左侧会生成二维平面的地物信息，最终生成数字线划地图。

（六）公路地质选线

将处理得到的三维模型、DOM 和 DSM 等成果导入的高精度无人机遥感技术辅助公路选线系统中，进行查看并选线。以 K1204 段左侧边坡为例，大体为长条形，坡度约 40°，长约 200m，滑坡后缘地形相对较陡。结合地质调查资料初步判断，K1204 段左侧边坡属于稳定状态，建议对该边坡采用被动防护网等措施进行治理；该区域其他路段由于地形地质条件较好，未见明显不良地质体，考虑到少占地、降低造价等因素，推荐采用两侧加宽的方式进行改扩建。

第三章　全球定位系统及其应用

第一节　卫星导航与定位技术基础

一、卫星导航与定位技术的作用

导航是一个技术门类的总称，它是引导运载体（包括飞机、船舶、车辆以及个人）安全、准确地沿着选定的路线，准时到达目的地的一种手段。导航由导航系统完成，包括装在运载体上的导航设备以及装在其他地方与导航设备配合使用的导航台。从导航台的位置来看，主要有：①陆基导航系统，即导航台位于陆地上，导航台与导航设备之间用无线电波联系；②星基导航系统，即导航台设在人造卫星上，扩大覆盖范围，也就是卫星导航定位。导航是人类从事政治、经济和军事活动所必不可少的信息技术。

卫星导航定位的基本作用是向各类用户和运动平台实时提供准确、连续的位置、速度和时间信息。在卫星定位系统出现前，远程导航与定位主要用无线导航系统。例如，多普勒系统利用多普勒频移原理，通过测量其频移得到运动物参数（地速和偏流角），推算出飞行器位置，属自备式航位推算系统。系统的缺点是覆盖的工作区域小，电磁波传播受大气影响，定位精度不高。

最早的卫星定位系统是美国的子午仪系统（Transit），1958年研制，1964年正式投入使用。由于该系统卫星数目较少（5颗～6颗），运行高度较低（平均 1000km），从地面站观测到卫星的时间间隔较长（平均 1.5h），因而它无法提供连续的实时三维导航，而且精度较低。为了满足军事部门和民用部门对连续实时和三维导航的迫切要求，1973 年，美国国防部制定了 GPS 计划。

目前，卫星导航定位技术已基本取代了无线电导航、天文测量、传统大地测量技术，并推动了全新的导航定位技术的发展，成为人类活动中普遍采用的导航定位技术，而且在精度、实时性、全天候等方面对这一领域产生了革命性的影响。

二、卫星导航与定位技术的主要内容

首先，卫星导航与定位技术在民用领域带来了巨大的经济效益。卫星导航是广泛应用于海洋、陆地和空中交通运输的导航，推动世界交通运输业发生了革命性变化。例如，卫星导航接收机已成为海洋航行不可或缺的导航工具；国际民用航空组织在力求完善卫星导航可靠性的基础上，推动以单一卫星导航取代已有的其他导航系统。

卫星导航与定位技术在陆地与海洋测绘、工业、精细农业、林业、渔业、土建工程、矿山、物理勘探、资源调查、地理信息产业、海上石油作业、地震预测、气象预报、环保研究、电信、旅游、娱乐、管理、社会治安、医疗急救、搜索救援以及时间传递、电离层测量等领域得到了大量应用，显示出巨大的应用潜力。卫星导航还用于飞船、空间站和低轨道卫星等航天飞行器的定位和导航，提高了飞行器定位精度，简化了相应的测控设备，推动了航天技术的发展。

卫星导航与定位技术已经渗透到国民经济的许多部门。随着卫星导航接收机的集成微小型化，卫星导航可以被嵌入其他的通信、计算机、安全和消费类电子产品中，使其应用领域得到扩展。卫星导航用户接收机生产和增值服务本身也是一个蓬勃发展的产业，是重要的经济增长点之一。

其次，卫星导航是军事应用的重要领域。卫星导航可为各种军事运载体导航。例如，为弹道导弹、巡航导弹、空地导弹、制导炸弹等各种精确打击武器制导，可使武器的命中率大为提高，武器威力显著增强。卫星导航已成为武装力量的支撑系统和武装力量的倍增器。卫星导航可与通信、计算机和情报监视系统构成多兵种协同作战指挥系统。卫星导航可完成各种需要精确定位与时间信息的战术操作，如布雷、扫雷、目标截获、全天候空投、近空支援、协调轰炸、搜索与救援、无人驾驶机的控制与回收、火炮观察员的定位、炮兵快速布阵及军用地图快速测绘等。

卫星导航可用于靶场高动态武器的跟踪、精确弹道的测量及时间统一勤务的建立与保持。当今世界，电子战、信息战及远程作战成为新军事理论的主要内容。导航卫星系统作为一个功能强大的军事传感器，已经成为天战、远程作战、导弹战、电子战、信息战的重要武器，并且敌我双方对控制导航作战权的斗争将发展成为导航战。谁拥有先进的导航卫星系统，谁就在很大程度上掌握未来战场的主动权。

在我国，卫星导航定位在国民经济建设中也发挥了重要作用，主要表现在以下方面：

（一）交通运输

卫星导航首先在远洋和近海实现了普及应用，尤其是已有 10 万条渔船装备了 GPS 接收机，占中国全部渔船的 1/3。交通部为了向船舶提供差分修正信息，在中国沿海已相继建立了 GPS 差分信息短波发送站（每个台站覆盖半径近 300km），基本覆盖了沿海地区及部分大陆。交通部开发的电子海图可以提供对远洋运输船舶的监控与指挥。

中国民航做过一些用 GPS 进行飞机导航和精密近场着陆的试验。但鉴于民航对飞机导航的安全性要求很高，且用户数量不多、投资有限，实际投入使用相对迟缓。民航单一应用卫星的前景，有待于民用卫星导航在精度、可用性和完好性方面的大幅度提高。

在国外，陆上交通车辆是 GPS 应用最广泛的领域，据全球数据统计，几乎占整个用户数的 2/3，日本已达数百万台。中国在这一领域也有所应用，目

78

前市场逐步成熟，呈现迅速发展的态势。一些城市，如北京、上海已开始在公共汽车、出租车的监控、调度与管理中应用 GPS 导航设备。GPS 车辆系统的功能一般可分为自我导航和中心对车辆定位并调度指挥（如出租汽车的调度，公安、银行、保险以及运输危险物品等部门对车辆的跟踪监控，失窃车辆的自动定位告警等）两类。前者往往需要在微机上自备电子地图和目的地路径引导软件，后者必须与移动通信、指挥调度中心相配套，甚至于全国联网。其移动通信早期常采用专用移动通信网，如集群电话或卫星通信，廉价的方法则是采用公用移动通信网。例如，中国已经广泛覆盖了全球移动通信系统（GMS），尤其在经济方面，通常使用其短信息业务。指挥控制中心一般通过数据网络与移动通信接口，配置相应容量的计算机系统和数据库，并具有按任务需求将地理信息系统和众多远端车辆位置同时在电子地图上显示的能力。总的说来，交通运输与卫星导航相结合，社会效益显著，经济效益巨大。卫星导航用于城市交通管理，可防止交通拥挤和堵塞现象，用于公路管理可提高运输能力。

（二）测绘、资源勘探等静态定位

这是国内开展 GPS 定位应用较早的另一个领域，现已建成连续运行的 GPS 观测站 30 多个，其中 7 个纳入国际 GPS 服务（IGS）机构，全国 GPS 二级网站布测 534 点，平均边长约 160km，从根本上解决了中国测量使用参考框架的问题，其绝对定位精度优于 0.1m，比传统测量方法提高效率 3 倍以上，费用降低了 50%，精度大幅提高。同时，过去在人迹罕至的高原、沙漠、海洋获得了大量的定位成果，为国家制图、城乡建设开发、资源勘察等做出了贡献。与此相关的还有中国地壳运动监测网，该网络包括 25 个基准站、56 个基本站和 1000 个分布在主要地震带上的区域站，其数据处理结果为全国大地震活动趋势分析提供了新的依据。此外，还广泛、有效地应用于城市规划测量、厂矿工程测量、交通规划与施工测量、石油地质勘探测量以及地质灾害监测等领域，产生了良好的社会效益和经济效益。

（三）高精度授时

这是卫星导航应用领域的另一个重要项目。中国长波台的授时精度为微秒级，GPS 在取消可用性选择政策（Selective Availability，以下简称 SA）后有可能获得 4ns 精度，且装备简易，在国内已经普遍应用，如用于各级计量部门、通信网站和电力输送网等。将卫星导航系统授时接收机做成电子手表，成为商品，更是未来非常大的应用市场。

（四）科学研究

利用 GPS 研究电离层延迟及电子浓度变化规律，建立了中国区域的电离层网格模型，完成了全国分布式广域差分科学试验，为广域差分 GPS 技术的应用推广做了有益、有效的前期工作。地面 GPS 观测在国内气象学上的应用也逐步受到重视，它可提供几乎连续的、高精度的可降水量数据，可用于天气预报工作。

（五）卫星导航与信息化

一些大中城市已在规划将 GPS 信息综合应用服务体系纳入其城市信息化建设计划中。数字地球、数字中国也离不开卫星导航，卫星导航与个人移动通信手机相结合形成了一个市场规模更大的应用领域。用手机报警、请求安全援助或医疗急救时，对方需要手机的精确位置。在这方面，技术上是成熟的，但经济效益不一定好。

（六）产业化问题

GPS 的广泛应用为中国培育了卫星导航用户机的产品市场。但是，产业化需要有较大规模的商业经营运作和物美价廉的规模化产品。目前，这方面差距很大。我们所用的设备，尤其是基础性产品，大部分是进口的。因此，必须大力解决专用核心芯片和 OEM 主板的生产问题，从而促进导航用户机的产业化发展。

正是因为卫星导航定位系统存在巨大潜力,不仅在军事上具有主导地位,还在人们生活的各个方面创造了巨大的经济效益和社会效益,一些国家和地区都希望发展属于本国的卫星导航定位系统。首先,是美国的全球卫星定位系统(GPS),自全面投入运行以来,在全球范围内得到了普及与应用,特别是在民用领域发挥了极大的作用。在军事领域,从 1991 年的海湾战争至今,美国的一切军事行动几乎都离不开卫星定位系统:GPS 接收机装备至每个参战单位甚至个人;被击落的飞行员利用 GPS 报告自己的准确位置,从而被迅速营救;地空导弹、巡航导弹采用 GPS 精确制导后,精确打击能力成倍提高。GPS 被称为继人类登月和航天飞机之后的又一重大航天科技成就。但是,长期以来,美国对本国军方提供的是精确定位信号,对其他用户提供的则是故意加了干扰的低精度信号。俄罗斯国防部耗资 30 多亿美元发射了 24 颗中高度圆轨道卫星,建起了属于自己的全球卫星导航系统,即 GLONASS,其系统精度优于加了干扰的 GPS。经过 5 年的反复论证和分析,欧洲于 1999 年提出了伽利略全球卫星导航定位系统计划;2005 年 3 月,欧盟 15 个成员国的交通部长在布鲁塞尔决定启动这一计划。我们国家也建立了北斗卫星导航系统;而属于我国的全球卫星定位系统目前也在筹划中。

第二节　GPS 定位原理及应用

一、GPS 定位原理

GPS 定位的基本原理是根据高速运动的卫星瞬间位置作为已知的起算数据,采用空间距离后方交会的方法,确定待测点的位置。如图 3-1 所示,假设 t 时刻在地面待测点上安置 GPS 接收机,可以测定 GPS 信号到达接收机的时间

Δt，再加上接收机所接收的卫星星历等其他数据，可以确定图 3-2 中的 4 个方程式。

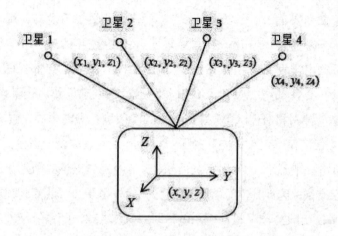

图 3-1　GPS 点位原理示意图

$$\begin{cases} \left[(x_1-x)^2 + (y_1-y)^2 + (z_1-z)^2 \right]^{1/2} + c(Vt_1 - Vt_0) = d_1 \\ \left[(x_2-x)^2 + (y_2-y)^2 + (z_2-z)^2 \right]^{1/2} + c(Vt_2 - Vt_0) = d_2 \\ \left[(x_3-x)^2 + (y_3-y)^2 + (z_3-z)^2 \right]^{1/2} + c(Vt_3 - Vt_0) = d_3 \\ \left[(x_4-x)^2 + (y_4-y)^2 + (z_4-z)^2 \right]^{1/2} + c(Vt_4 - Vt_0) = d_4 \end{cases}$$

图 3-2　GPS 定位原理方程式

上述 4 个方程式中，待测点坐标 x、y、z 和为未知参数，d_i=(i=1、2、3、4)分别为卫星 1、卫星 2、卫星 3、卫星 4 到接收机之间的距离。4 个方程式中各个参数意义如下。

x_i、y_i、z_i(i=1、2、3、4)分别为卫星 1、卫星 2、卫星 3、卫星 4 在 t 时刻的空间直角坐标，可由卫星导航电文求得；Vt_i(i=1、2、3、4)分别为卫星 1、卫星 2、卫星 3、卫星 4 的卫星钟的钟差，由卫星星历提供；Vt_0 为接收机的钟差。由以上 4 个方程，即可计算出待测点的坐标 x、y、z 和接收机的钟差 Vt_0。

可见 GPS 定位的关键是测量接收机到卫星的距离。根据测量距离采用的 GPS 信号观测量不同，GPS 定位的基本方法一般分为伪距测量与载波相位测量。伪距测量是通过测量 GPS 卫星发射的测距信号到达用户接收机的传播时间，从而求算出接收机到卫星的距离，即 $P=\Delta t \times c$，其中 Δt 为传播时间，c 为光速。

由于卫星钟与接收机钟的误差以及信号在传播过程中经过电离层和对流层的延迟，d_i 并不代表卫星与接收机的几何距离，因此称为"伪距"。伪距测量的测距精度一般达到一码元宽度的 1/100，对于 P 约为 29cm，C/A 码为 2.9m，其测距精度较低，因此定位精度较低。特别由于美国政府对 P 码保密，民用伪距定位只能采用 C/A 码，定位精度不能满足测量的需要。而包含在 GPS 卫星信息中的载波频率，L_1=1575.42MHz，L_1=1227.60MHz，其相应波长，λ_1=19.03cm，λ_2=24.42cm。由此可见，相位测量的精度要比伪距测量的精度高得多，因此，目前测地型 GPS 接收机普遍利用载波相位测量。载波相位测量是测量 GPS 载波信号从 GPS 卫星发射天线到 GPS 接收机接收天线的传播路程上的相位变化，从而确定传播距离的方法。

二、GPS 技术的定位模式

GPS 技术按待定点的状态分为静态定位和动态定位两大类。静态定位是指待定点的位置在观测过程中是固定不变的，如 GPS 在大地测量中的应用。动态定位是指待定点在运动载体上，在观测过程中是变化的，如 GPS 在船舶导航中的应用。静态相对定位的精度一般在几毫米至几厘米，动态相对定位的精度一般在几厘米到几米。对 GPS 信号的处理，从时间上划分为实时处理及后处理。实时处理就是一边接收卫星信号一边进行计算，获得目前所处的位置、速度及时间等信息；后处理是指把卫星信号记录在一定的介质上，回到室内统一进行数据处理。一般来说，静态定位用户多采用后处理，动态定位用户多采用实时处理或后处理。

按定位方式，GPS 定位分为单点定位和相对定位（差分定位）。单点定位就是根据一台接收机的观测数据来确定接收机位置的方式，它只能采用伪距观测量，可用于车船等的概略导航定位。相对定位（差分定位）是根据两台以上接收机的观测数据来确定观测点之间的相对位置的方法，它既可采用伪距观测量，也可采用相位观测量，大地测量或工程测量均应采用相位观测值进行相对定位。测地型 GPS 接收机利用卫星载波相位进行静态相对定位，可以达到10.6～10.8 的高精度，但是，为了可靠地求解整周模糊度，必须连续观测一两个小时或更长时间，这就限制了其实际应用。于是，解决这一问题的各种方法应运而生。例如，采用整周模糊度快速逼近技术使定位时间缩短至 5min，称为快速静态定位。

在 GPS 观测量中，包含卫星和接收机的钟差、大气传播延迟、多路径效应等误差。在定位计算时，还要受到卫星广播星历误差的影响，在进行相对定位时大部分公共误差被抵消或削弱，因此定位精度大大提高。双频接收机可以根据两个频率的观测量抵消大气中电离层误差的主要部分，在精度要求高、接收机间距离较远时（大气有明显差别），应选用双频接收机。

三、载波相位差分技术

常规的 GPS 测量方法，如静态、快速静态、动态测量都需要事后进行计算才能获得厘米级的精度，不能实时提交成果和实时评定成果质量。差分 GPS 技术的出现，克服了上述困难，位置差分、伪距差分、相位平滑伪距差分等能以厘米级的精度实时给定载体位置，满足了城市交通、导航和水下地形测量等要求。载波相位差分技术又称 RTK 技术，通过对两测站的载波相位观测值进行实时处理，能够实时提供厘米级的三维坐标。其原理是由基准站通过数据链实时将其载波相位观测值及基准站坐标信息一起传送给用户站，用户站将接收的卫星载波相位与来自基准站的载波相位组成相位差分观测值，经实时处理确定用户站的坐标。流动站可处于静止状态，也可处于运动状态；可在固定点上先进行初始化后再进入动态作业，也可在动态条件下直接开机，并在动态环境下完成周模糊度的搜索求解。在整周未知数解固定后，即可进行每个历元的实时处理，只要能保持4颗以上卫星相位观测值的跟踪和必要的几何图形，流动站可以随时给出厘米级定位结果。数据链是由调制解调器和电台组成，用于实现基准站与用户之间的数据传输。RTK技术的关键在于数据处理技术和数据传输技术，RTK定位时要求基准站接收机实时地把观测数据（伪距观测值、相位观测值）及已知数据传输给流动站接收机，数据量比较大，一般都要求9600的波特率，这在无线电上不难实现。

四、GPS技术的应用

GPS技术的应用十分广泛，按不同的服务目的进行分类，有下列几个方面的应用：

（一）GPS应用于导航

1.船舶远洋导航和进港引水。

2.飞机航路引导和进场降落。

3.汽车自主导航。

4.地面车辆跟踪和城市智能交通管理。

5.紧急救生。

6.个人旅游及野外探险。

7.个人通信终端（与手机、平板电脑、电子地图等集成一体）。

（二）GPS应用于授时校频

电力、邮电、通信等网络的时间同步；准确时间的授入；准确频率的授入。

（三）GPS 应用于高精度测量

1.各种等级的大地测量、控制测量、地形测量。

2.道路和各种线路放样。

3.水下地形测量。

4.地壳形变测量，桥梁、大坝和大型建筑物变形监测。

5.GIS 应用。

6.工程机械（轮胎吊、推土机等）控制。

7.精细农业。

第三节　GPS 定位技术的展望

一、我国 GPS 定位技术的应用和发展

中华人民共和国成立后，我国的航天科技事业在自力更生、艰苦创业的征途上，逐步建立和发展，跻身于世界先进水平的行列，我国已成为世界空间强国。从 1970 年 4 月把我国第一颗人造卫星送入轨道以来，我国已成功地发射了 30 多颗不同类型的人造卫星，为空间大地测量工作的开展创造了有利条件。

20 世纪 70 年代后期，有关单位在从事多年理论研究的同时，引进并试制成功了各种人造卫星观测仪器。其中有人卫摄影仪、卫星激光测距仪和多普勒接收机。根据多年的观测实践，我国完成了全国天文大地网的整体平差，建立了"1980 年国家大地坐标系"，进行了南海群岛的联测。

20 世纪 80 年代初，我国一些院校和科研单位已开始研究 GPS 技术。多年来，我国测绘工作者在 GPS 定位基础理论研究和应用开发方面做了大量工作。

20 世纪 80 年代中期，我国引进了 GPS 接收机，并应用于各个领域；同时，着手研究建立自己的卫星导航系统。十多年来，据有关人士估计，全国的 GPS 接收机拥有量约在 4 万台左右，其中测量类约 500～700 台，航空类约几百台，航海类约 3 万多台，车载类数千台，而且以每年 2 万台的速度增加。这些足以说明 GPS 技术在我国各行业中应用的广泛性。

在大地测量方面，利用 GPS 技术开展国际联测，建立全球性大地控制网，提供高精度的地心坐标，测定和精化大地水准面。1992 年，国内多个部门（10 多个单位，30 多台 GPS 双频接收机）参与了全国 GPS 定位大会战。此外，建成了平均边长约 100km 的 A 级 GPS 网，提供了亚米级精度地心坐标基准。此后，在 A 级网的基础上，又布设了边长为 30～100km 的 B 级网，全国约 2500 个网点。A、B 级 GPS 网点都联测了几何水准，为各部门的测绘工作，建立各级测量控制网，提供了高精度的平面和高程三维基准。另外，我国也已完成西沙、南沙群岛各岛屿与大陆的 GPS 联测，使海岛与国家大地网联成一个整体。

在工程测量方面，应用 GPS 静态相对定位技术，布设精密工程控制网。例如，用于城市和矿区油田地面沉降监测、大坝变形监测、高层建筑变形监测、桥梁、隧道贯通测量等精密工程。GPS 实时动态定位技术还用于加密测图控制点，测绘各种比例尺地形图和用于施工放样。

在航空摄影测量方面，我国测绘工作者也应用 GPS 技术进行航测外业控制测量、航摄飞行导航、机载 GPS 航测等航测成图各个阶段的工作。

在地球动力学方面，GPS 技术用于全球板块运动监测和区域板块运动监测。我国已开始用 GPS 技术监测南极洲板块运动、青藏高原地壳运动、四川鲜水河地壳断裂运动，建立了中国地壳形变观测网、三峡库区形变观测网、首都圈 GPS 形变监测网等。GPS 技术已经用于海洋测量、水下地形测绘。

此外，在军事、交通、邮电、地矿、煤矿、石油、建筑以及农业、气象、土地管理、金融、公安等部门和行业，在航空航天、测时授时、物理探矿、姿态测定等领域，也都开展了 GPS 技术的研究和应用。

为了适应 GPS 技术的应用与发展，1995 年成立了中国卫星导航定位协会，协会下设 4 个专业委员会，旨在通过广泛的交流与合作，发展我国的 GPS 应用技术。

我国测绘部门多年对 GPS 的使用表明，GPS 以全天候、高精度、自动化、高效益等显著特点，赢得了广大测绘工作者的信赖，并成功地应用于大地测量、工程测量、航空摄影测量、运载工具导航和管制、地壳运动监测、工程变形监测、资源勘察、地球动力学等多种学科，给测绘领域带来了深刻的技术革新。

二、GPS 现代化

（一）GPS 现代化的提出和内涵

GPS 现代化的提法是 1999 年 1 月 25 日由美国副总统以文告的形式发表的。文告只提及了几项民用 GPS 导航技术的改进和发展，但整个 GPS 现代化实质上是要加强 GPS 对美军现代化战争中的支撑作用以及保持其在全球民用导航领域中的领导地位。随后美国军方和波音公司（GPS 系统主要制造商）发表的文章都阐明了它的内涵：一是保护，即 GPS 现代化是为了更好地保护美方和友好方的使用，要发展军码和强化军码的保密性能，加强抗干扰能力；二是阻止，即阻挠敌对方的使用，施加干扰，即施加 SA 政策、反电子欺骗政策（Anti-Spoofing，以下简称 AS）等；三是保持，即保持在有威胁地区以外的民用用户能更精确更安全地使用。

（二）GPS 现代化计划中的军事部分

美国提出 GPS 现代化的基本目的是满足和适应 21 世纪美国国防现代化发展的需要，这是 GPS 现代化中第一位的、根本的。具体地说，GPS 现代化是为了更好地支持和保障军事行动。

美国认为，军事用户对 GPS 的需求大体主要有以下四个方面：

1.在今后"信息战""电子战"的背景下，GPS 必须有更好的抗电子干扰能力。

2.要有安全的 GPS 使用范围，这包括两方面的含义：一是 GPS 用户能安全使用，二是不同类型的 GPS 用户要有不同的使用范围，应区别对待。

3.GPS 用户要有更短的首次初始化时间。

4.GPS 和其他军事导航系统及各类武器装备要相互适配。

除了美国军方外，使用美国 GPS 精码 P（Y）的还有经美国军方授权使用的国家和地区的军方共 27 个。其中主要是北约国家的军方，授权亚太地区军方使用的国家和地区主要有韩国、中国台湾省、日本、新加坡、沙特阿拉伯、科威特、泰国等。

GPS 除了在各类运载器的导航和定位方面发挥了巨大作用外，在对战斗人员的支持和援助中也发挥了关键性作用，因此评价极高。

在上述军事用户需求调查的基础上，美国军方和情报部门在 1999 年 6 月做出了以下四项 GPS 现代化的相应技术措施。

1.增加 GPS 卫星发射的信号强度，以增加抗电子干扰能力。

2.在 GPS 信号频道上，增加新的军用码（M 码），并与民用码分开。M 码要有更好的抗破译的保密性能和安全性能。

3.军事用户的接收设备要比民用的有更好的保护装置，特别是抗干扰能力和快速初始化功能。

4.创造新的技术，以阻止敌方使用 GPS。

（三）GPS 现代化计划中的民用部分

为了更好地在民用导航、定位、大气探测等方面的应用，美国认为有以下五个主要方面的需求：

1.改善民用导航和定位的精度。

2.扩大服务的覆盖面和改善服务的持续性。

3.提高导航的安全性，如增强信号功率、增加导航信号和频道。

4.保持 GPS 在全球定位系统中技术和销售方面的领先地位。

5.注意和现有的以及将来的其他民用空间导航系统的匹配和兼容。

基于上述需求，美国拟采取的措施包含以下几个方面：

其一，在一年一度评估的基础上，决定是否将 SA 信号强度降为零。停止 SA 的播放，将使民用实时定位和导航的精度提高 3～5 倍。这已在 2000 年 5 月 1 日零点开始实行。这里要说明一点，美国军方已经掌握了 GPS 施加 SA 的技术，即 GPS 可以在局部区域内增加 SA 信号强度，使敌对方利用 GPS 时严重降低定位精度，以致无法用于军事行动。

其二，在 L_2 频道上增加第二民用码，即 CA 码，这样用户就可以有更好的多余观测，以提高定位精度，并有利于电离层的改正。

其三，增加 L_5 民用频率，这有利于提高民用实时定位的精度和导航的安全性。

（四）GPS 现代化计划的进程安排

1.GPS 现代化第一阶段

发射 12 颗改进型的 GPS Block IR 型卫星。它们具有一些新的功能：能发射第二民用码，即在 12 颗改进型卫星上加载 CA 码；在 L_1 和 L_2 上播发 P（Y）码的同时，在这两个频率上，还试验性地同时加载新的军码（M 码）；IR 型的信号发射功率，不论在民用通道还是军用通道上，都有很大的提升。

2.GPS 现代化第二阶段

发射 6 颗 GPS Block IF（"IFLite"）卫星型。GPS Block IIF 型卫星除了有上面提到的 GPS Block IR 型卫星的功能外，还进一步强化了发射 M 码的功率和增加了发射第三民用频率，即 L_5 频道。2008 年，在空中运行的 GPS 卫星中，至少有 18 颗 IF 型卫星，以保证 M 码的全球覆盖。2016 年，GPS 卫星系统应全部以 EF 卫星运行，共计 27 颗。

3.GPS 现代化计划的第三阶段

发射的 GPS Block Ⅲ型卫星，已在 2003 年前完成了代号为 GPSⅢ的 GPS 完全现代化计划设计工作。目前，正在研究未来 GPS 卫星导航的需求，讨论

制定 GPSⅢ型卫星系统结构，系统安全性、可靠程度和各种可能的风险，2008
年发射 GPSⅢ第一颗实验卫星，计划用近 20 年的时间完成 GPSⅢ计划，取代
目前的 GPSⅡ。

第四节　全球导航卫星系统

　　GLONASS 是 GLObal NAvigation Satellite System（全球导航卫星系统）的
字头缩写，是苏联从 20 世纪 80 年代初开始建设的与美国 GPS 系统类似的卫
星定位系统，也由卫星星座、地面监测控制站和用户设备三部分组成，现在由
俄罗斯空间局管理。GLONASS 卫星由"质子"号运载火箭一箭三星发射入轨，
卫星采用三轴稳定体制，整星质量 1400kg，设计轨道寿命为 5 年。所有
GLONASS 卫星均使用精密铯钟作为其频率基准。

　　GLONASS 系统的卫星星座由 24 颗卫星组成，位于 3 个倾角为 64.8°的
轨道平面内，每个轨道面 8 颗卫星，轨道高度 19100km，这一高度避免和 GPS
同一高程，以防止两个星座相互影响，其周期为 11h15min，8 天内卫星运行 17
圈回归，3 个轨道面内的所有卫星都在同一条多圈衔接的星点轨迹上顺序运行。
这有利于消除地球重力异常对星座内各卫星的影响差异，以稳定星座内部的相
对布局关系。系统工作基于单向伪码测距原理，不过，它对各个卫星采用频分
多址，而不是码分多址。它的码速率是 GPS 的 1/2。GLONASS 未达到 GPS 的
导航精度。它的主要好处是没有加 SA 干扰，民用精度优于加 SA 的 GPS。其
应用普及情况则远不及 GPS。GLONASS 卫星平均在轨道上的寿命较短，后期
增长为 5 年。前一时期由于经济困难无力补网，原来在轨卫星陆续退役，1998
年 12 月和 2000 年 10 月，各发射 3 颗卫星，目前在轨道上只有 6 颗卫星可用，
不能独立组网，只能与 GPS 联合使用。其计划改进型卫星 GLO-NASS-M 平均

寿命 7 年，民用频率将由 1 个增加到 2 个，正在对外寻求合作以弥补经费不足的问题。

GLONASS 系统采用频分多址（FDMA）方式，根据载波频率来区分不同卫星，GPS 是码分多址（Code Division Multiple Access，以下简称 CDMA），根据调制码来区分卫星。每颗 GLONASS 卫星发播的两种载波的频率分别为 L1=1602+0.5625*k（MHz）和 L2=1246+0.4375*k（MHz），其中 k=1～24，为每颗卫星的频率编号。所有 GPS 卫星的载波频率是相同的，均为 L1=1575.42MHz 和 L2=1227.6MHz。GLONASS 卫星的载波上也调制了两种伪随机噪声码：S 码和 P 码。俄罗斯对 GLONASS 系统采用了军民合用、不加密的开放政策。GLONASS 系统单点定位精度水平方向为 16m，垂直方向为 25m。

俄罗斯的 GLONASS 与美国的 GPS 工作原理是一样的，都是利用测量至少 4 颗卫星的相关数据来确定物体精确的三维位置、三维速度和时间。不过，二者差别也很大。比如，GLONASS 的卫星分布在 3 条轨道上，较适合在高纬度活动的用户，而 GPS 的卫星分布在 6 条轨道上，对在中低纬度活动的用户比较有利。此外，两种系统在发射频率、所用坐标系等方面都有很大不同。不断提高精确度对卫星定位系统来说无疑是最重要的。为了进一步提高 GLONASS 系统的精度，俄罗斯的科技人员采用了广域差分系统、区域差分系统和本地差分系统三种办法。广域差分系统将在地面设 3～5 个站，在各站半径 1500～2000km 以内提供 5～10m 位置精度；区域差分系统可在离地 500km 以内提供 3～10m 位置精度，可用于航空、地面、海上和铁路运输系统以及测量等；本地差分系统则主要用于科学、国防和精密定位。目前，GLONASS 可定位测量位于空中、水面和陆地的任何目标，确定其坐标，误差值不到 1m。这些年来，随着俄罗斯经济的恢复，俄政府对 GLONASS 系统表现出很强的信心，试图把 GLONASS 系统推广到全世界。但这一系统的发展前景并不乐观。目前，制约该系统发展的主要因素有两方面：一是 GLONASS 系统投入运行相对较晚，且系统运行不十分可靠，没有优良的服务作为后盾，就难以建立庞大的客户群；二是 GLONASS 的接收机只有极少数工厂研制生产，缺乏竞争，导致产品品种少、可靠性差。GLONASS 用户设备要进入普遍装备应用阶段，还必须加速发展用户设备产业，拓宽应用领域。

为了进一步提高 GLONASS 系统的定位能力，开拓广大的民用市场，俄罗斯政府计划用 4 年时间将其更新为 GLONASS-M 系统。内容包括：改进一些地面测控站设施；延长卫星的在轨寿命至 8 年；实现系统高的定位精度，位置精度提高到 10～15m，定时精度提高到 20～30ns，速度精度达到 0.01m/s。

有些卫星定位接收机已具有联合应用 GPS 和 GLONASS 系统进行定位处理的功能，简称为"GPS+GLONASS 系统"，它是对纯 GPS 系统的改进，并具有以下优点：

（一）可见卫星数增加一倍

GLONASS 卫星星座组网完成后，可用于导航定位的卫星总数将增加一倍。在地平线以上的可见卫星数纯 GPS 系统时，一般为 7～11 颗；GPS+GLONASS 系统则可达到 14～20 颗。在山区或城市中，有时因障碍物遮挡，纯 GPS 可能无法工作，"GPS+GLONASS"系统则可以工作。

（二）提高生产效率

在测量应用中，GPS 测量所需要的观测时间取决于求解载波相位整周模糊度所需要的时间。观测时间越长或可观测到的卫星数越多，则用于求解载波相位整周模糊度的数据也就越多，求解结果的可靠性越好。为了提高生产效率，常使用快速定位、实时动态测量（RTK）或后处理动态测量。但要满足一定的精度要求，必须正确求解载波相位整周模糊度。可观测到的卫星数增加得越多，则求解载波相位整周模糊度所需要的观测时间就可缩短得越多，因此，GPS+GLONASS 系统可以提高生产效率。

（三）提高观测结果的可靠性

用卫星系统进行测量定位的观测结果的可靠性主要取决于用于定位计算

的卫星颗数，因此，"GPS+GLONASS"系统将大大提高观测结果的可靠性。

（四）提高观测结果的精度

观测卫星相对于测站的几何分布（DOP 值）直接影响观测结果的精度。可观测到的卫星越多，则越可以大大改善观测卫星相对于测站的几何分布，从而提高观测结果的精度。

第四章　地理信息系统及其应用

第一节　地理信息系统概述

一、GIS 的定义

地理信息系统（GIS）是对地理空间实体和地理现象的特征要素进行获取、处理、表达、管理、分析、显示和应用的计算机空间或时空信息系统。

地理空间实体是指具有地理空间参考位置的地理实体特征要素，具有相对固定的空间位置和空间相关关系、相对不变的属性变化、离散属性取值或连续属性取值的特性。在一定时间内，在空间信息系统中，仅将其视为静态空间对象进行处理表达，即进行空间建模表达。只有在考虑、分析地理空间随时间变化的特性时，即在时空信息系统中，才将其视为动态空间对象进行处理表达，即时空变化建模表达。就属性取值而言，地理实体特征要素可以分为离散特征要素和连续特征要素两类。离散特征要素，如城市的各类井、电力和通信线的杆塔、山峰的最高点、道路、河流、边界、市政管线、建筑物、土地利用和地表覆盖类型等；连续特征要素，如温度、湿度、地形高程变化、NDVI 指数、污染浓度等。

地理现象是指发生在地理空间中的地理事件特征要素，具有空间位置、空间关系和属性随时间变化的特性；需要在时空信息系统中，将其视为动态空间对象进行处理表达，即记录位置、空间关系、属性之间的变化信息，进行时空变化建模表达。这类特征要素，如台风、洪水过程、天气过程、地震过程、空气污染等。

空间对象是指地理空间实体和地理现象在空间或时空信息系统中的数字化表达形式，具有随表达尺度而变化的特性。空间对象可以采用离散对象方式进行表达，每个对象对应于现实世界的一个实体对象元素，具有独立的实体意义，称为离散对象。空间对象也可以采用连续对象方式进行表达、每个对象对应于一定取值范围的值域，称为连续对象，或空间场。

离散对象在空间或时空信息系统中一般采用点、线、面和体等几何要素表达。根据表达的尺度不同，离散对象对应的几何元素会发生变化，如一个城市，在大尺度上表现为面状要素，在小尺度上表现为点状要素；河流在大尺度上表现为面状要素，在小尺度上表现为线状要素等。这里尺度的概念是指制图学的比例尺，地理学的尺度概念与之相反。

连续对象在空间或时空信息系统中一般采用栅格要素进行表达。根据表达尺度的不同，表达的精度会随栅格要素的尺寸大小变化。这里，栅格要素也称为栅格单元，在图像学中称为像素或像元。数据文件中栅格单元对应于地理空间中的一个空间区域，形状一般采用矩形。矩形的一个边长的大小称为空间分辨率。分辨率越高，表示矩形的边长越短，代表的面积越小，表达精度越高；分辨率越低，表示矩形的边长越长，代表的面积越大，表达的精度越低。

地理空间实体和地理现象特征要素需要经过一定的技术手段，对其进行测量，以获取其位置、空间关系和属性信息、如采用野外数字测绘、摄影测量、遥感、GPS 及其他测量或地理调查方法，经过必要的数据处理，形成地形图、专题地图、影像图等纸质图件或调查表格，或数字化的数据文件。这些图件、表格和数据文件需要经过数字化或数据格式转换，形成某个 GIS 软件所支持的数据文件格式。目前，测绘地理信息部门所提倡的内外业一体化测绘模式，就是直接提供 GIS 软件所支持的数据文件格式的产品。

对于获取的数据文件产品，虽然在格式上支持 GIS 的要求，但它们仍然是地图数据，这就需要将地图数据转化为 GIS 地理数据，还需要利用 GIS 软件，对其进行处理和表达。不同的商业 GIS 软件，对地图数据转化为 GIS 地理数据的处理和表达方法存在差别。

GIS 地理数据是根据特定的空间数据模型或时空数据模型，即对地理空间对象进行概念定义、关系描述、规则描述或时态描述的数据逻辑模型，按照特定的数据组织结构，即数据结构，生成的地理空间数据文件。对于一个 GIS 应用来讲，会有一组数据文件，称为地理数据集。

一般来讲，地理数据集在 GIS 中多数都采用数据库系统进行管理，但少数也采用文件系统管理。这里，数据管理包含数据组织、存储、更新、查询、访问控制等含义。就数据组织而言，数据文件组织是其内容之一，地理数据集是地理信息在 GIS 中的数据表达形式：为了地理数据分析的需要，还需要构造一些描述数据文件之间关系的一些数据文件，如拓扑关系文件、索引文件等，这些文件之间也需要进行必要的概念、关系和规则定义，这形成了数据库模型；其物理结构称为数据库结构数据模型，数据结构是文件级的，数据库模型和数据库结构是数据集水平的，理解上应进行区别。但在 GIS 中，由于它们之间存在密切关系，一些教科书往往会将其放在一起讨论，不做明显区分。针对一个特定的 GIS 应用，数据组织还应包含对单个数据库中的数据分层、分类、编码、分区组织以及多个数据库的组织内容。

空间分析是 GIS 的重要内容。地理空间信息是首先对地理空间数据进行必要的处理和计算，进而对其进行解释所产生的一种知识产品及一些处理地理空间数据的方法，从而形成了 GIS 的空间分析功能。

显示指的是对地理空间数据的可视化处理。一些地理信息需要通过计算机可视化方式展现出来，以帮助人们更好地理解其含义。

应用指的是地理信息如何服务于人们的需要。只有将地理信息适当应用于人们的认识行为、决策行为和管理行为，才能满足人们对客观现实世界的认识—实践—再认识—再实践的循环过程，这正是人们建立 CIS 的根本目的所在。

从上述概念的解释中可以看出，地理信息系统具有以下五个基本特点：

第一，地理信息系统以计算机系统为支撑，是建立在计算机系统架构上的信息系统，以信息应用为目的。地理信息系统由若干相互关联的子系统构成，如数据采集子系统、数据管理子系统、数据处理和分析子系统、图像处理子系统、数据产品输出子系统等，这些子系统功能的强弱直接影响在实际应用中对地理信息系统软件和开发方法的选型。由于计算机网络技术的发展和信息共享的需求，地理信息系统发展为网络地理信息系统是必然的。

第二，地理信息系统操作的对象是地理空间数据。它是地理信息系统的主要数据来源，具有空间分布特点。就地理信息系统的操作能力来讲，完全适用于操作具有空间位置，但不是地理空间数据的其他空间数据。空间数据的最根本特点一，是每个数据都按统一的地理坐标进行编码，实现对其定位、定性和定量描述。只有在地理信息系统中，才能实现空间数据的空间位置、属性和时态三种基本特征的统一。

第三，地理信息系统具有对地理空间数据进行空间分析、评价、可视化和模拟的综合利用优势。由于地理信息系统采用的数据管理模式和方法具备对多源、多类型、多格式等空间数据进行整合、融合和标准化管理的能力，为数据的综合分析利用提供了技术基础，可以通过综合数据分析，获得常规方法或普通信息系统难以得到的重要空间信息，实现对地理空间对象和过程的演化、预测、决策和管理。

第四，地理信息系统具有分布特性。地理信息系统的分布特性是由其计算机系统的分布性和地理信息自身的分布特性共同决定的。地理信息的分布特性决定了地理数据的获取、存储和管理，地理分析应用具有地域上的针对性；计算机系统的分布性决定了地理信息系统的框架是分布式的。

第五，地理信息系统的成功应用更强调组织体系和人为因素的作用。这是由地理信息系统的复杂性和多学科交叉性所决定的。地理信息系统工程是一项复杂的信息工程项目，兼有软件工程和数字工程两重性质。在工程项目的设计和开发中，需要考虑二者之间的联系。地理信息系统工程涉及多个学科的知识和技术的交叉应用，需要配置具有相关知识和技术能力的人员队伍。因此，在建立实施该项工程的组织体系和人员知识结构方面，需要充分认识地理信息系统工程的这些特殊要求。

二、为什么需要 GIS

当遇到下述问题时，就需要建立地理信息系统来解决问题：

1.地理数据维护管理不善。

2.制图和统计分析方法落后。

3.难以提供准确的数据和信息。

4.缺乏数据恢复服务。

5.缺乏数据共享服务。

一旦建立了 GIS，可以取得以下若干效益：

1.地理数据以标准格式得到有效维护管理。

2.修订和更新变得容易。

3.地理数据和信息容易被搜索、分析和描述。

4.产生更多地理信息的附加值产品。

5.地理信息可以被自由地共享和交换。

6.员工的生产力得到提高。

7.节省时间和资金投入。

8.可以提高决策管理水平。

是否可以使用 GIS 来管理和处理空间数据，也可以从表 5-1 得到答案。

表 4-1　GIS 与人工操作比较

地图	GIS 操作	人工操作
存储	标准化和集成	不同的标准下的不同尺度
恢复	数字化的数据库	纸质地图、调查数据、表格
更新	计算机搜索	人工检查
叠置	系统执行	成本高和费时
空间分析	非常快	费时费力
显示	容易、低成本和快速	复杂和昂贵

三、GIS 的空间分析能力

地理信息系统的空间分析能回答和解决以下五类问题：

第一，位置问题。GIS 的空间分析功能可以解决在特定的位置有什么或是什么的查询问题。位置可表示为绝对位置和相对位置，前者由地理坐标确定，后者由空间关系确定。例如，河流、道路、房屋的位置问题由坐标确定；某个省相邻的省有哪些，某个阀门连接了哪些管道，从某地出发可否到达另一地点，等等，这些问题均可由空间关系解决。多用于研究地理对象的空间分布规律和空间关系特性，需要借助 GIS 的查询分析功能实现。

第二，条件问题。GIS 的空间分析功能可以解决符合某些条件的地理实体在哪里的问题，如选址、选线问题；也可用于需要借助空间数据建模解决的问题，如描述性数据分析方法。

第三，变化趋势问题。GIS 可以利用综合数据分析，识别已发生或正在发生的地理事件或现象，或某个地方发生的某个事件随时间变化的过程；也可用于需要借助空间数据分析方法解决的问题，如回归分析方法。

第四，模式问题。GIS 的空间分析功能可以分析已发生或正在发生事件的相关因素（原因）。例如，某个交通路口经常发生交通事故，某个地区犯罪率经常高于其他地区，生物物种非正常灭绝等问题。分析造成这些结果的因果关系如何，需要借助空间数据挖掘算法解决问题，如探索性空间数据分析方法。

第五，模拟问题。GIS 的空间分析功能可以分析某个地区如果具备某种条件，会发生什么问题。主要是通过模型分析，给定模型参数或条件，对已发生或未发生的地理事件、现象、规律进行演变、推演和反演等，如对洪水发生过程、地震过程、沙尘暴过程等进行模拟。另外，也需要使用虚拟现实和仿真技术和方法，如时空动态模拟方法等。

这五类问题可以进一步归纳为两大类问题，即科学解释和空间管理决策。科学解释针对的是，发生在地理空间中的现象、规律，事件发生的因果关系、条件关系和相关关系等。空间管理决策是指，对人类干预或科学开发利用地理信息资源，进行宏观管理决策和微观管理决策。前者注重于战略部署，后者注重战术部署。

第二节　地理信息系统的组成及功能

一、地理信息系统的组成

（一）GIS 硬件组成

计算机硬件系统是计算机系统中的实际物理设备的总称，是构成 GIS 的物理架构支撑。根据构成 GIS 规模和功能的不同，分为基本设备和扩展设备两大部分。基本设备部分包括计算机主机（含鼠标、键盘、硬盘、图形显示器等）、存储设备（光盘刻录机、磁带机、光盘塔、活动硬盘、磁盘阵列等）、数据输入设备（数字化仪、扫描仪、光笔、手写笔等）和数据输出设备（绘图仪、打印机等）。扩展设备部分包括数字测图系统、图像处理系统、多媒体系统、虚拟现实与仿真系统、各类测绘仪器、GPS、数据通信端口、计算机网络设备等。它们用于配置 GIS 的单机系统、网络系统（企业内部网和因特网系统）、集成系统等不同规模模式，以及以此为基础的普通 GIS 综合应用系统（如决策管理 GIS 系统），专业 GIS 系统（如基于位置服务的导航、物流监控系统），能够与传感器设备联动的集成化动态监测 GIS 应用系统（如遥感动态监测系统），或以数据共享和交换为目的的平台系统（如数字城市、智慧城市共享平台）。

1.GIS 的单机系统结构模式

从结构模式上讲，单机系统模式的 GIS 是一种单层的结构，GIS 的五个基本组成部分集中部署在一台独立的计算机设备上，提供单用户使用系统的所有资源的一种方式。早期的单机系统模式部署在一台小型计算机系统上，虽然小型机可以提供多用户操作系统，供多个用户同时操作一个 GIS 软件，但所有的任务都是由一台计算机完成的，用户终端不负责数据处理和计算任务，仅支持与用户的命令交互对话和图形显示功能。随着个人计算机（Personal Computer，以下简称 PC 机）技术的发展，GIS 开始部署在 PC 机上，成为一个彻头彻尾的单机单用户系统。在实际的应用系统选型中，可以根据构成系统的规模和需要增减，如磁盘阵列、光盘塔，只在数据存储量大、系统备份频繁时选用。因特网的连接设备也是可选项。

2.GIS 企业内部网系统结构模式

由计算机企业内部网、服务器集群、客户机群、磁盘存储系统（磁盘阵列）、输入设备、输出设备等支持的客户/服务器（C/S）模式的 GIS，根据当前网络技术的标准，构成局域网的网络协议标准为 TCP/IP 协议，由相关的网络设备组建的局域网络，称为企业内部网。企业内部网是一个企业级计算机局域网络，为一个企业机构内的多用户提供共享操作服务。系统的结构模式是一个二层结构，GIS 的资源和功能被适当地分配在服务器和客户机两端，所有的客户端通过企业内部网，共享网络资源，进行信息共享和交换。

GIS 的企业内部网模式，通过局域网络，将存储系统、服务器系统（或集群服务器）、输入和输出设备、客户机终端进行网络互连，实现数据资源、软硬件设备资源、计算资源的共享，其规模可以根据需要进行配置。

3.GIS 的因特网结构模式

由因特网、服务器集群、客户机群、磁盘存储系统（磁盘阵列）、输入设备、输出设备等支持的浏览器/服务器（B/S）模式的 GIS，提供因特网上许可用户的多用户操作。这一般是一种由企业内部网和外部网共同组成的客户/服务器、浏览器/服务器的混合模式。GIS 的因特网结构模式是三层结构模式，由 GIS 服务器、Web 服务器和客户端浏览器构成。客户端浏览器需要经过 Web 服务器才能访问 GIS 服务器的资源。

GIS 的因特网结构模式是一种分布式计算模式。这种分布式结构通过分布在不同地点的 GIS 服务器、Web 服务器，构建多级服务器体系结构，GIS 服务器、Web 服务器共同组成服务站点，如使用 ATM 网络进行通信连接，通过服务注册和服务绑定的方式，向用户提供资源服务。

服务器节点可以是由 GIS 服务器、Web 服务器组成的简单节点，也可以是由企业内部网 GIS 构成的复杂节点。现有商业化的 GIS 软件，一般都支持构建 GIS 的因特网结构模式，如 ArcGIS 软件，目前，已经由 SOM-SOC 容器结构模式发展到支持云计算结构的 Site 站点模式，后者是更有弹性的结构模式。

C/S 客户端可以通过局域网，用数据库驱动连接方式，直接访问 GIS 数据服务器，也可以通过 GIS 软件提供的软件服务器，先访问应用服务器，再访问数据服务器。GIS 软件通过应用服务器，将数据和计算处理功能，发布在应用服务器，供用户使用。用户客户端的计算和处理功能全部或部分由服务器承担，客户端负责部分或不负责任何处理和计算功能。直接访问数据服务器的连接方式，其数据处理和计算功能部署在客户端，客户端负责全部的处理和计算功能，是一种二层结构。

B/S 客户端，通过浏览器方式访问数据和服务，首先访问 Web 服务器，再通过 Web 服务器直接访问数据服务器，或通过应用服务器访问数据服务器，是一种三层结构。

究竟如何分配服务器端和客户端的任务，可以根据实际的需要选择配置。

随着无线和移动通信网络技术的发展，因特网 GIS 和局域网 GIS 得到了快速应用和发展，但在系统结构构建方面没有超出上述结构模式，只是通信方式由有线到无线的变化，客户端扩展到支持无线通信连接的终端设备，如便携式 PC 机、平板电脑和智能手机等。

就数据管理和计算模式来讲，GIS 访问经历了支持文件访问、局域网访问、因特网访问和网格、云计算访问五个发展阶段。

Web GIS 促进了 GIS 由单机（或主机）模式向网络化应用的发展，但网格 GIS 技术与 Web GIS 相比，又存在着许多的不同。

（1）空间数据管理概念的不同

GIS 的数据管理和应用经历了不同的阶段，GIS 由独立运行的系统，朝着局域网系统、因特网系统和网格系统发展，其根本区别是数据管理和应用计算模式的根本变化。

在单机模式下，数据和应用程序处于同一台计算机系统，提供单用户计算模式。在局域网模式下，数据集中存储于网络服务器，客户通过局域网协议访问数据，在同构环境下，提供多用户资源的共享计算模式。在因特网模式下，数据分布存储于网络数据中心或本地局域网服务器，提供异构环境的资源共享和多用户计算模式，数据多以集中式管理服务为主。在网格模式下，数据的存储分布于各类网格节点，计算模式由集中式充分转向分布式方式，提供多用户、多级的复杂 C/S、B/S 混合计算模式。

（2）异构环境下的互操作能力不同

由于 Web GIS 多是根据特定的 GIS 数据和应用开发的系统，相对封闭，不同系统之间的沟通和协作存在一定的难度。Web GIS 的数据来源仍以单一数据提供者为主，提供数据访问的互操作。网格系统中不仅数据的提供者是多源的、地理位置是分布的，而且空间数据源之间能够进行无缝集成和分布式协同处理，提供数据和分析的更完整意义的互操作。

（3）系统的跨平台性能不同

Web GIS 虽然也基于 RM1、CQRBA、DCOM 等中间件技术提供良好的网络服务，但一般要求服务器和客户端之间有更紧密的耦合，这在一定程度上影响了跨平台的数据访问性能。网格系统由于要求网格节点之间的相对独立性，当系统处理用户请求时，可以将各分节点上部分或全部的资源调用到最合适的计算节点，将计算处理后的结果反馈给用户，从而增强系统之间的跨平台能力。

（4）网络数据的传输能力不同

网格 GIS 的特定结构和技术标准体系，确保节点之间网络数据访问和计算的负载平衡，其网络化的数据存储体系和数据传输机制，能够提供海量的数据传输保证。而 Web GIS 则很难根除大数据量的传输瓶颈问题。

（5）利用网络资源的能力不同

一种 Web GIS 的配置只能使用其所有的各种资源，而很难与其他资源有效集成利用。而网格 GIS 则具有更开放的结构，可以充分利用网上的各类资源。

（6）资源的动态性有区别

网格 GIS 具有资源动态管理的特性，包括网络环境中的资源存在是动态的，数据是动态变化的，GIS 应用工具也是动态变化的，网格中的资源某一时刻可能是有效的，下一时刻则可能被停用，网格中的资源也可能不断地被加入进来。但网格系统能很好地实现资源的转移和资源的融入。数据资源的注册和撤销反映了数据的动态变化。

各类网络设备、软件的融入机制也使得网格 GIS 的工具处于动态变化中。

（7）系统的开放性程度有区别

网格 GIS 不是建立在一个封闭系统或平台上，这是其系统的特性决定的。网格系统的政策和原则确保了它并不为某个组织或公司所有，其服务是面向广大用户的。网格系统是建立在异构系统上的分布式计算平台，其服务协议和服务接口与平台无关。

云计算模式是在网格计算模式上发展起来的一种更开放的大规模分布式计算模式，比网格数据计算更具有效率和弹性，更强调服务的作用。

（二）地理信息系统软件组成

GIS 的软件组成构成了 GIS 的数据和功能驱动系统，关系到 GIS 的数据管理和处理分析能力。它是由一组经过集成，按层次结构组成和运行的软件体系。

最下面两层与系统的硬件设备密切相关，称为系统软件。它连同标准软件，共同组成保障 GIS 正常运行的支撑软件。上面三层主要实现 GIS 的功能，满足用户的特定需求，代表了 GIS 的能力和用途。GIS 可能运行在不同的操作系统上，如 Unix 系统、Windows 系统等。由于 GIS 可能部署在计算机网络系统，因而关于网络管理和通信的软件是必要的，如 TCP/IP、HTTP、HTML、XML、GML 等协议、标准及有关网络驱动和管理的软件。GIS 也可能与其他的软件集成，形成功能更强大的软件系统，如 ERDAS IMAGINE、PCI GEOMATICA、ENVI 等遥感数据处理系统。GIS 需要使用第三方的数据库管理系统进行数据管理，因此需要配置 ORACLE、SQL SERVER、DB2 等关系数据库软件。

一般而言，一个商业化的 GIS 软件，提供的是面向通用功能的软件，针对用户的具体和特殊需要。商业化的 GIS 软件需要在此基础上进行二次开发，对商业化的 GIS 软件进行客户化定制；需要配置、开发环境支持的程序设计软件，如 J2EE、Microsoft Visio 等，以及支持 GIS 功能实现的组件库，如 ArcGIS 的 AML、MapObjecl、ArcObject、ArcEngine 组件库，以及 Mapinfo 软件（桌面地理信息系统软件）的 MapX 等。

根据 G1S 的概念和功能，GIS 软件的基本功能由六个子系统（或模块）组成，即空间数据输入与格式转换子系统、图形与属性编辑子系统、空间数据存储与管理子系统、空间数据处理与空间分析子系统、空间数据输出与表示子系统和用户接口。

其一，空间数据输入与格式转换子系统。其主要功能是，将系统外部的原始数据（多种来源、多种类型、多种格式）传输给系统内部，并将格式转换为

GIS 支持的格式。数据来源主要有多尺度的各种地形图、遥感影像及其解译结果、数字地面模型、GPS 观测数据、大地测量成果数据、与其他系统交换来的数据、社会经济调查数据和属性数据等。数据类型有矢量数据、栅格数据、图像数据、文字和数字数据等。数据格式有其他 GIS 系统产生的数据格式、CAD 格式、影像格式、文本格式、表格格式等。

数据输入的方式主要有三种形式。一是手扶跟踪数字化仪的矢量跟踪数字化，主要通过人工选点和跟踪线段进行数字化，主要输入有关图形的点、线、面的位置坐标；二是扫描数字化仪的矢量数字化，将图形栅格化后，通过矢量化软件将纸质图形输入系统，或将图片扫描输入系统；三是键盘输入或文件读取方式，通过键盘直接输入坐标、文本和数字数据，或通过文件读取，并经过格式转换输入系统。数据格式的转换包括，因数据结构不同产生的转换和因数据形式不同产生的转换。前者由系统采用的数据模型决定；后者主要是矢量到栅格、栅格到矢量的转换，是由数据的性质决定的。有时也使用光笔输入，例如签名等操作。数据格式的转换，一般由 GIS 软件提供的数据互操作工具或功能模块实现。

第二，数据存储与管理处理。它涉及矢量数据的地理要素（点、线、面）的位置，空间关系和属性数据，以及栅格数据、数字高程数据及其他类型的数据如何构造和组织、管理等。主要由特定的数据模型或数据结构来描述构造和组织的方式，由数据库管理系统（DBMS）进行管理。在 GIS 的发展过程中，数据模型经历了由层次模型、网络模型、关系模型、地理相关模型、面向对象的模型和对象—关系模型（地理关系模型），它们分别代表着空间数据和属性数据的构造和组织管理形式。

第三，图形与属性的编辑处理。GIS 系统内部的数据是由特定的数据结构描述的，图形元素的位置必须符合系统数据结构的要求，所有元素必须处于统一的地理参照系中，并经过严格的地理编码和数据分层组织。因此，需要进行拓扑编辑和拓扑关系的建立，进行图幅接边、数据分层、进行地理编码、投影转换、坐标系统转换、属性编辑等操作。除此以外，它们一方面要修改数据错误，另一方面还要对图形进行修饰，设计线形、颜色、符号，进行注记等。这都要求 GIS 提供数据编辑处理的功能。

第四，数据分析与处理。它提供了对一个区域的空间数据和属性数据综合分析利用的能力。通过提供矢量、栅格、DEM 等空间运算和指标量测，达到对空间数据的综合利用的目的。如基于栅格数据的算术运算、逻辑运算、聚类运算等，提供栅格分析；通过图形的叠加分析、缓冲区分析、统计分析、路径分析、资源分配分析、地形分析等，提供矢量分析；并通过误差处理、不确定性问题的处理等，获得正确的处理结果。

第五，数据输出与可视化。它是将 GIS 内的原始数据，经过系统分析、转换、重组后，以某种用户可以理解的方式提交给用户，可以是地图、表格、决策方案、模拟结果显示等形式。当前，CIS 可以支持输出物质信息产品和虚拟现实与仿真产品。

第六，用户接口。它主要用于接收用户的指令、程序或数据，是用户和系统交互的工具，主要包括用户界面、程序接口和数据接口。系统通过菜单方式或解释命令方式接收用户的输入，由于地理信息系统功能复杂，无论是 GIS 专业人员还是非专业人员，提供操作友好的界面都可以提高操作效率，当前Windows 风格的菜单界面几乎成了 GIS 的界面标准。

（三）地理空间数据库

数据是 GIS 的操作对象，是 GIS 的"血液"，它包括空间数据和属性数据。数据组织和管理质量，直接影响 GIS 操作的有效性。在地理数据的生产中，当前主要是 4D 产品，即数字线划数据（Digital Line Graph，以下简称 DLG）、数字栅格数据（Digital Raster Graph，以下简称 DRG）、数字高程模型（DEM）、数字正射影像（Digital Ortho Map，以下简称 DOM）。空间数据质量通过准确度、精度、不确定性、相容性、一致性、完整性、可得性、现势性等指标来度量。

GIS 的空间数据均在统一的地理参照框架内，对整个研究区域进行了空间无缝拼接，即在空间上是连续的，不再具有按图幅分割的迹象。空间数据和属性数据进行了地理编码、分类编码和建立了空间索引，以支持精确、快速的定位、定性、定量检索和分析。

其数据组织按工作区、工作层、逻辑层、地物类型等方式进行。

地理空间数据库是地理数据组织的直接结果，并提供数据库管理系统进行管理。通过数据库系统，为数据的调度、更新、维护、并发控制、安全、恢复等提供服务。数据库存储数据可根据内容和用途的不同，分为基础数据库和专题数据库。前者反映基础的地理、地貌等基础地理框架信息，如地图数据库、影像数据库、土地数据库等；后者反映不同专业领域的专题地理信息，如水资源数据库、水质数据库、矿产分布数据库等。由于测绘和数据综合技术的原因，当前 GIS 只能对多比例尺测绘的地图数据分别建立对应的数据库。受上述原因影响，一个地理信息系统中可能存在多个数据库。这些数据库之间还要经常相互访问，因此会形成数据库系统；又由于地理信息的分布性，还会形成分布式数据库系统。为了支持数据库的数据共享和交换，并支持海量数据的存储，需要使用数据存储局域网、数据的网络化存取系统及数据中心等数据管理方案。

数据库管理系统在 GIS 工程中，可以为空间和非空间数据的产生、编辑、操纵等提供多项功能。

1.产生各种数据类型的记录，如整型、实型、字符型、影像型等。

2.提供操作方法，如排序、删除、编辑和选择等。

3.处理功能；如输入、分析、输出，格式重定义等。

4.查询功能；提供 SQL 的查询。

5.编程功能；提供编程语言。

6.建档功能；元数据或描述信息的存储与建档。

（四）空间分析

GIS 空间分析是 GIS 为计算和回答各种空间问题提供的有效工具集，但对于某一专门的具体计算分析来说，还必须通过构建专门的应用分析模型，如土地利用适宜性模型、选址模型、洪水预测模型、人口扩散模型、森林增长模型、水土流失模型、最优化模型和影响模型等，才能达到目的。这些应用分析模型是客观世界中，相应系统经由概念世界到信息世界的映射；反映了人类对客观世界利用改造的能动作用；并且是 GIS 技术产生社会经济效益的关键所在，也是 GIS 生命力的重要保证。因此，这些应用分析模型在 GIS 技术中占有十分重要的地位。

（五）人员

人员是确保 GIS 成功的决定因素，包括系统管理人员、数据处理及分析人员和终端用户。在 GIS 工程的建设过程中，还包括 GIS 专业人员、组织管理人员和应用领域专家。什么人使用 GIS 呢？可以分为以下一些群体：

1.GIS 和地图使用者。他们需要从地图上查找感兴趣的东西。

2.GIS 和地图生产者。他们编辑各种专题或综合信息地图。

3.地图出版者。他们需要高质量的地图输出产品。

4.空间数据分析员。他们需要根据位置和空间关系完成分析任务。

5.数据录入人员。他们需要完成数据的编辑。

6.空间数据库设计者。他们需要实现数据的存储和管理。

7.GIS 软件设计与开发者。他们需要实现 GIS 的软件功能。

二、地理信息系统的功能

1.数据收集和输入。在数据处理系统中，系统外部的原始数据在系统内部转换成内部数据格式。

2.数据编辑和更替。主要包含对图形和属性的编辑。

3.数据存储和管理。数据被贴上标签，使用特殊格式存储于计算机内部。

4.空间查询和分析。本功能是 GIS 的核心功能，主要包括数据操作与计算、数据查询与搜索以及全面的数据分析。

5.数据展现和输出。通过人机交互，可以选择显示的对象与形式，对图形数据可放大或缩小。

数据库管理以及数据与图形的交互显示是 GIS 系统功能的重点。

（一）数据库管理

数据库是 GIS 的核心。一个优秀的数据存储方式可以将系统的性能最优化，不仅如此，数据库也是 GIS 系统实现任何分析功能的基础。栅格数据、矢量数据和栅格/矢量混合数据是三种最普遍且好用的数据存储方式。由于空间数据与属性数据的结合对于 GIS 系统十分重要，因此，在存储这两类数据时都应使其相互独立，通过一种特定的辨别码来链接。这种存储方式将数据存储和数据分析相离，导致不能有效地呈现在时域特性上要素的变化。

（二）交互式显示图像数据

交互式显示图像数据是 GIS 的独特功能。其独特性在于，GIS 表达地理信息的形式，不仅可以通过文本的方法进行，还可以通过开发可视化的界面进行地理信息的展示，不受任何形式的约束。并且，GIS 的图形输出也是一大亮点。自由选择输出范围，不仅可以选择自己需要的区域地图进行输出，而且可以输出整张地图。

第三节　地理信息系统的应用

一、地理信息系统在水利行业的应用

（一）防汛减灾

早在 20 世纪 80 年代中后期，我国就开展了洪水管理与灾情评价信息系统、国家防洪遥感信息系统等信息化建设工作。进入 21 世纪初期，我国启动了七大江河流域的水利信息化建设项目，如数字黄河、长江水利信息化、珠江水利信息化等。美国突发事件应急管理委员会已经将 GIS 技术用于淹没灾害管理和灾害预测等灾害应急和决策系统中，为决策者提供决策信息，如洪水峰值时间、洪水高度、城市安全水量调配等。GIS 在防汛减灾方面的主要应用包括灾害预测、灾害现场指挥、灾情评估和灾后重建。在灾害预测方面，GIS 将数字高程模型数据与水情、雨情及所在地区的人文、经济信息相结合，用于预测全国或局部流域的洪水发展趋势、洪水淹没范围、淹没损失等。在灾害现场指挥方面，GIS 将各种有关的空间数据和实时数据进行管理、处理和可视化，为指挥决策者提供直观的辅助决策支持。比如，利用城镇分布、道路、铁路、人口分布、经济、设施分布、水利设施等人文空间数据，气象、洪水水位、洪峰位置、雨情等实时数据，帮助决策者做出人员撤退、安置区域、撤退路线规划、救援调度等决策。在灾情评估和灾后重建方面，GIS 的统计与分析功能，能快速准确地计算灾区面积、受灾人数、灾害损失等。在防汛减灾信息系统建设方面，利用 GIS 技术，可以设计开发实时信息接收处理系统（各部门的水情、雨情、工况、灾情等信息汇集与处理）、气象产品应用系统、信息服务系统（气象、水情、雨情、工况、洪水预报、防洪调度和灾情评估结果等）、汛情监视系统、洪水预报系统、防洪调度系统（洪水仿真、模拟等）、灾情评估系统、防汛会商系统和防汛指挥管理系统等。

（二）水资源管理

这是指对水资源开发利用的组织、协调、监督和调度，包括建立水资源管理的空间数字模型，用于模拟各种水资源的管理情况，如模拟水资源的分配等；建立水资源管理数据库；建立水资源管理和决策支持系统等。

（三）水土保持

水土流失的类型多样且复杂，包括水蚀、风蚀、冰川侵蚀、冻融侵蚀、重力侵蚀等，会造成大量的滑坡、泥石流、崩塌等灾害。利用 GIS 和遥感技术，可以对水土流失的信息进行统一管理，对水土流失进行动态监测分析、预测、生态环境效益分析、侵蚀评估等。GIS 在水土保持方面的主要应用包括，对各类信息进行查询和制图，对土地结构、地表覆盖土地利用、区域分布特征等信息进行统计分析。

（四）水环境与水资源监测

水资源与水环境监测是水利信息化的重要组成部分。只有掌握了供水和需水的信息，才能科学、准确地进行水资源的有效分配和调度。水质变化信息对环境质量进行动态评价和有效监督也是十分重要的。有了准确的水质变化信息，就可以在水污染事件突发时，进行应急处置。利用 GIS 对水质信息进行管理，可以帮助规划部门选择地表和地下水监测点的位置；可以对水量进行估算，对水流演进和水资源调度进行空间分析建模和仿真模拟。

（五）水利工程规划

GIS 技术可以用于水利工程规划的制图、调水路线规划、水库选址规划、库区建设评估和工程设施监测等。如我国南水北调、鄂北水资源配置等，都采用了 GIS 辅助规划设计和工程管理，将各种选线因子进行建模，用于线路的选线工作。GIS 的三维功能，可以对设计成果进行三维可视化展示和评估。在水库选址方面，利用 GIS，可以建立淹没模型、估算灌区面积、模拟水库水位高度、估算库容、估算水利工程的工程量（如土石方工程量等）；还可以对水利工程的变形监测数据进行管理和分析，对水利工程进行维护。

二、地理信息系统在交通管理中的应用

（一）GIS 在道路设计中的应用

GIS 在交通中能够很好地考虑和评估公路对环境的影响，因此，在公路路线的选择和初步设计中，GIS 得到了广泛的应用。尤其是在道路的选线方面，它可以利用三维技术从各个角度协调横纵关系，使道路设计与规划统筹发展；并且可以选取所设计地区的数字化地图，通过连接地图中的控制点来确定路线的走向，最终制订一条路线方案；还可以利用路线方案的高程点，自动生成等高线，绘制纵断面、横断面，并在此基础上进行道路横纵断面的设计。而且，在选择方案的同时，还可以抽调其他图形、统计、道路及地面附着物等相关信息，再对不同的路线方案进行对比、分析、筛选，直至获得最佳方案。

此外，GIS 在道路设计土方估算中也起着重要的作用。以往的土方估算多是极为烦琐的手工作业，且效率极低，现在 GIS 中集成的软件包，都能够根据设计线路和三维数字地面模型自动计算出相应的挖填方量。GIS 的二次开发能很容易地自动统计和计算出相关的拆迁影响情况，并且能在道路工程竣工后对很多相关信息进行有效的组织和管理。

（二）GIS 在交通规划中的应用

城市路网规划与设计涉及人口、城市规划、区域面积、现状路网、规划路网、道路长度等级与通行能力、交通量、交通分区等众多空间和属性信息。要行之有效地对这些信息进行收集、处理、分析和展示，就必须采用全面合理、操作方便、便于扩展的存储形式，减少数据调查和输入的时间，缩短项目的设计周期，提高工作效率。传统交通规划数据的处理方法费时费力，难以满足数据可读性、可变性的要求。

GIS 具有强大的数据综合、图形处理、地理模拟和空间分析功能，能够对交通领域不同部门的表格和地理数据进行统计分析，满足人们的各种需求。利用 GIS 软件和数据库技术，可以与交通规划软件进行数据交换，实现数据共享。同时，在交通规划中利用 GIS 建立数据库，可以增强成果的图形表达能力，大大提高工作效率。GIS 强有力的处理空间数据的能力和分析工具，使得交通规划的一些分析方法的实现变得更加简单。

（三）GIS 在道路养护中的作用

随着人们生活水平的提高与科技的迅速发展，人们对道路的要求越来越高，加强对已建成公路的养护与管理变得愈加重要。GIS 与路面管理系统、桥梁管理系统等养护管理系统相连，利用先进的路面、桥梁检测设备和数据收集手段，可以使公路养护管理更加科学、合理。

（四）GIS 在城市交通管理中的应用

GIS 电子地图与传统地图的区别在于，它将不同物理内容的地图进行分类描述、存储和管理，以图层的形式表示单一的具体内容，通过图层叠加的方法实现最终所需信息的显示。应用 GIS 独具特色的地图表现能力，可将交通及交通相关信息可视化，并且能够将具体的变动信息方便、快捷地显示在图层上，构建新的交通地图。此外，GIS 可以凭借电子地图对象与关系中的记录的自动连接功能，实现地图与数据库的双向查询，通过数据库的数据来动态改变地图对象的可视属性，最终生成相应的专题地图。决策者可以利用 GIS 将空间数据和属性数据有机地融合在一起，建立完备的数据库，为最终决策提供翔实、准确的信息。

三、地理信息系统在农业方面的应用

（一）农业资源与区划

农业资源包括自然资源和社会经济资源，可以分成土地资源、水资源、气候资源、人口资源和农业经济资源五大类。相关人员可以通过 GIS 软件对指定区域的农业资源进行可视化管理，包括报表定制、信息查询、专题图显示与打印输出、基本统计与趋势模型分析、基本决策，以及资源调查评价、产业布局划分等。

（二）种植业管理

GIS 强大的海量空间数据管理能力，可以实现棉花、油料、糖料、水果、蔬菜、茶叶、蚕桑、花卉、麻类、中药材、烟叶、食用菌等种植业信息的管理；此外，还可以实现耕地质量管理，指导科学施肥，监测植物疫情，分析与发布种植业产品供求信息，以及逆行耕地质量管理（如研究土地养分空间分布规律、进行耕地地力评价、制作土地资源专题图等）、作物监测与估产、病虫草害防治等。

（三）渔业水产管理与应用

GIS 和遥感技术主要应用于渔业资源动态变化的监测、渔业资源管理、海洋生态与环境、渔情预报和水产养殖等方面。GIS 具有独特的空间信息处理和分析功能，如空间信息查询、计量和分类、叠置分析、缓冲区分析等，利用这些功能，可以从原始数据中获得新的经验和知识。遥感技术具有感测范围广、信息量大、实时、同步等特点，而且卫星遥感在渔业的应用已经从单一要素应用阶段进入多元分析及综合应用阶段。利用遥感技术，可以推理获得影响海洋理化和生物过程的一些参数，如海表温度、叶绿素浓度、初级生产力水平的变化、海洋锋面边界的位置以及水团的运动等。利用 GIS 对这些环境因素进行分析，可以实时、快速地推测、判断和预测渔场情况。

（四）精准农业

精准农业也称为精确农业、精细农作，是近年来国际上农业科学研究的热点领域。精准农业的含义是，按照田间每个单元的具体条件，精细、准确地调整各项土壤和作物管理措施，最大限度地优化各项农业投入（如化肥、农药、水、种子及其他方面的投入量），以获取最高产量和最大经济效益；同时，减少化学物质的使用，保护农业生态环境和土地等自然资源。

（五）环境监测、农产品安全

农产品质量与安全问题已经成为新阶段制约我国农业发展的主要因素之一，不仅影响了我国农产品的质量，也削弱了我国农产品在国际市场上的竞争力，从而影响了人民群众的身体健康和生活质量。因此，相关部门需要建立基于 GIS 的农产品安全生产管理与溯源信息子系统，加强对农业生态地质环境的调查、监测与综合性评价研究以及农产品的安全管理。

（六）农业灾害预防

农业灾害主要是指气象灾害、地质灾害、生物灾害和其他自然灾害。近年来，我国农业灾害频繁发生，洪涝、干旱、暴雪、热干风等灾害对农业生产和社会安定造成了严重影响，因此，建设基于 GIS 的灾害监测预警子系统，实现最新的灾害显示、逐日灾害显示、灾害年对比显示、灾害累积显示、背景数据查询等功能，对防灾减灾有着重要作用。

四、地理信息系统在环境监测与评价中的应用

（一）GIS 在大气环境动态监测中的应用

随着城市工业化的发展，城市工业企业数量和机动车数量都在急剧增加，

有毒有害污染物大量排入城市空气中，很多国家和地区都在为改善大气环境质量做着努力。而大气环境有以下特点：大气的空间尺度大，人类赖以生存的大气层有上百公里的厚度；空气在自然环境中有着最好的流动性，地面是其不可逾越的固体边界。因此，大气环境动态监测最适合用 GIS 进行监测和分析。引用 GIS 技术和数据库管理技术，可以将所有对大气有污染隐患的企业及位置信息、主要污染物、污染物移动范围、周围地形等信息，进行收集、整理，并建立地理信息数据库。利用 GIS 空间分析和数据显示功能，可获得污染物在大气中的浓度分布图，进而了解污染物的空间分布和超标情况。

（二）GIS 在水环境监测中的应用

水是人类生存和发展不可缺少的物资条件，是工农业的重要资源。然而，水源污染日趋严重，并多以复合型污染为基本特征，导致大量的水不能用于生产或者生活。因此，有必要加强水资源环境的监测和管理。水资源环境的特点是空间信息量大，而对空间信息进行管理与分析正是 GIS 的优势。GIS 用于水资源环境监测，主要是对水质监测数据和空间数据进行科学、有效的组织和管理，能够让管理人员方便地对各种空间信息进行查询、修改和编辑等。GIS 强大的空间分析和图标分析功能，可以实现对空间和检测数据的分析和专题图的制作，进而为污染治理方案的制订提供有效的信息支持。

（三）GIS 在生态环境监测与评价中的应用

生态环境退化是目前全球面临的最主要问题之一，它不仅使自然资源日益枯竭、生物多样性不断减少，而且严重阻碍着社会经济的可持续发展，进而威胁人类的生存。生态环境评价是一项系统性研究工作，是环境质量评价的重要组成部分。由评价生态系统结构和功能的动态变化而形成的生态环境质量优劣程度，是资源开发利用、制定经济社会可持续发展规划和生态环境保护对策的重要依据。由于生态环境系统本身就是一个随时变化的复杂系统，而对生态环境评价的时效性要求又比较高，传统的生态环境评价技术单单在数据获取上就要费相当大的时间和精力，还要进行大量的计算才能最终得到生态环境评价的结果，这远远不能满足生态环境评价对时效性的需求。遥感和计算机技术以及空间技术的发展，为这一难题提供了解决方案。遥感资料与其他的辅助资料（自然、历史）是相辅相成的，将它们有效地结合使用能给生态环境景观动态研究带来更客观、更丰富的信息。将 GIS、RS 技术与传统工作方法相结合，对评价所用到的各个区县的影像数据做处理，从中提取评价需要的各个指标数据，可大大节省数据收集整理的时间和精力。同时，在多源信息综合评价过程中采用科学的计算方法，在降低计算量的同时保证了计算结果的正确性和准确性，大大提高了评价结果的时效性，可为生态环境评价工作提供技术上的支持。

（四）GIS 在污染源监督监测中的应用

污染源监督监测是为了掌握污染源状况。监测主要污染源在时间和空间上的变化，采取的是定期定点的常规性监督监测方式。它主要是对污染物浓度、排放总量和污染趋势的监测，利用监视网对某一区域的污染趋势和状况进行预报、预测。评价污染源对环境的影响，除了需要获得污染源的浓度和排放总量数据外，还必须依靠污染源所在的地理环境的空间背景信息。同样的污染物排放量，由于其所在的地理位置不同（包括气象、地形等方面条件的影响），其污染程度与范围也有所不同，这就是污染源的地理空间特性。污染源空间特性决定了对污染源的影响分析，必须采用定量与空间分析相结合的综合地理思维工具——GIS。不仅要进行污染源的定量分析，如计算排放量大小，还要进行空间分析，如计算排放量与环境浓度的关系。GIS 在这方面功能显著，它可以利用数据表示空间分布，将数字和图形融为一体，支持数字思维与空间思维同时进行，与传统的地图分析和仅仅对统计数据进行定量分析相比有质的改进。

GIS 的空间缓冲区分析为污染源污染扩散影响分析提供了有力的工具。GIS 根据污染的位置（气象状况、地形条件等）与环境模型进行结合，计算其对邻近对象的影响程度，得出一个缓冲区域，表示污染源的影响范围及浓度变化，为污染物总量控制、制订削减方案提供辅助决策。

GIS 与污染源监督监测的结合，有利于监测人员根据污染类型和现有地理数据的变化程度，选择合适的环境模型（如扩散模型、影响模型等）进行预测，并将预测结果与不同时期的环境污染数据进行比较，从而计算给定污染物在不同时期内的扩散程度，确定污染物扩散的范围，得出污染源排放与环境污染之间的规律，预测环境污染的发展趋势，为污染源规划决策和环境质量控制提供科学依据。

（五）GIS 在物流管理领域的应用

物流管理是指将信息、运输、库存、仓库、搬运及包装等物流活动综合起来的一种新型的集成式管理。把 GIS 技术融入物流整个配送的过程中，就能更容易地处理物流配送中货物的运输、仓储、装卸、投递等各个环节，并对其中涉及的问题，如运输路线的选择、仓库位置的选择、仓库的容量设置、合理装卸策略、运输车辆的调度和投递路线的选择等，进行有效的管理和决策分析，这样才符合现代物流的要求，并且有助于物流配送企业有效地利用现有资源，降低消耗、提高效率。实际上，随着电子商务、物流和 GIS 本身的发展，GIS 技术将成为全程物流管理中不可缺少的组成部分。

由于物流对地理空间有较大的依赖性，采用 GIS 技术建立企业的物流管理系统，可以实现企业物流的可视化、实时动态管理，从而为系统用户进行预测、监测、规划管理和决策提供科学依据。

现代物流可以简单理解为，从原材料供应者到生产者，从生产过程到最终产品的使用或消费过程。在整个过程中，GIS 在运输配送、动态监管及信息管理等方面都需要处理与地理相关的数据信息。

1.运输配送

（1）电子地图

在物流配送系统中，电子矢量地图是 GIS 的基础数据提供者。为了辅助工作人员进行系统的应用，系统必须借助电子地图完成地图显示、定位和自动路径设计等功能。电子地图将空间数据和属性数据统一起来，在此基础上可以进行地图显示、缩放和漫游、空间分析和查询等应用；在准确获知街道、道路等基础地理信息的基础上，也可以在地图上对新客户进行地理位置的定位或者修改老客户的地理位置，从而能够精确地确定配送点和客户的位置。

（2）配送起点的选择优化与配送区域的划分

配送中心负责将货品送达各级配送中转站、代理经销商、超市和用户。由于这一级的配送量较大，在既定的车辆（吨位、数量等）情况下，需要根据订单的情况综合考虑并计算两点之间的最短路径，从而动态划分配送区域以及该区域内的订单。利用改良经典的 Dijkstra 算法、Floyd 算法以及许多国内的改进算法，可以得到十分优化的订单目的地间最短路径。

（3）最佳路径选择

最佳路径的选择，实际就是要求车辆从配送站出发，经过多个配送点最后回到配送站的路线选择。网络分析作为 GIS 最主要的功能之一，在电子导航、交通旅游、城市规划以及电力、通信等各种管网、管线的布局设计中发挥了重要的作用，而网络分析中最基本、最关键的问题就是最短路径问题。最短路径不仅仅指一般地理意义上的最短距离，还可以引申到其他度量，如时间、费用、线路容量等。

2.动态监管

动态管理的功能是在 GIS 基础上，及时掌握通过 GNSS 所获取的移动体位置信息，使车辆等移动体的移动状况可视化。利用 GNSS/GIS 技术可以实现对货车在运输过程中的全面监控及对运输车辆的调度。

（1）定位跟踪

结合 GNSS 技术实现实时、快速的定位，这对于现代物流的高效率管理来说非常关键。在主控中心的电子地图上选定跟踪车辆，将其运行位置在地图画面上保存，确定车辆的具体位置、行驶方向、时间时速，就可以形成直观的运行轨迹；并可以任意放大、缩小、还原电子地图，随目标移动，使目标始终保持在屏幕上。利用该功能可对车辆和货物进行实时定位跟踪，满足工作人员掌握车辆基本信息、对车辆进行远程管理的需要。

（2）实时监控

经过 GSM（全球移动通信系统）网络的数字通道将信号输送到车辆监控中心，监控中心再通过差分技术换算位置信息，然后通过 GIS 将位置信号用地图语言显示出来，这样货主、企业可以随时了解车辆的运行状况、任务执行和安排情况，使得不同地方的流动运输设备变得透明且可控。另外，还可以通过远程操作、断电锁车、超速报警，对车辆行驶进行实时限速监管、偏移路线预警、疲劳驾驶预警、危险路段提示、紧急情况报警、求助信息发送等安全管理，保障驾驶员、货物、车辆及客户财产安全。

（3）指挥调度

客户经常会因突发性的变故在车队出发后要求改变原定计划；有时公司在集中回城期间临时得到了新的货源信息；有时几个不同的物流项目要交叉调车。在上述情况下，监控中心借助 GIS 就可以根据车辆信息位置、道路、交通状况向车辆发出实时调度指令，用系统的观念运作企业业务，达到充分调度货物及车辆的目的，降低空载率，提高车辆运作效率。

（4）辅助决策分析

在物流管理中，GIS 会提供历史的、现在的、空间的、属性的等全方位信息，并集成各种信息进行销售分析、市场分析、选址分析及潜在客户分析等。另外，GIS 与 GNSS 有效结合，再辅以车辆路线模型、最短路径模型、网络物流模型、分配集合设施定位模型等，可以构建高度自动化、实时化和智能化的物流管理信息系统。这种系统不仅能够分析和运用数据，而且能为各种应用提供科学的决策依据，使物流变得实时且成本最优。

3.信息管理

（1）信息查询

货物发出后，受控车辆所有的移动信息均被保存在控制中心计算机中，客户可以通过网络实时查询车辆运输中的运行情况和所处的位置，了解物品是否安全，是否能快速、有效地到达。接货方只需要通过发货方提供的相关资料和权限，就可以通过网络实时查看车辆和货物的相关信息。掌握货物在途中的情况以及大概的到达时间,以此来提前安排货物的接收、存放及销售等环节,可以使货物的销售链提前完成。

(2)动态管理

采用 GIS 建立的物流管理系统的主要特点就是,在 GIS 可视化环境中对企业的物流进行可视化、实时动态管理。

总之,GIS 技术与现代物流工程技术相结合,给物流业的发展提供了巨大的空间,特别是在错综复杂的配送网络的管理调度、物流配送中心的布局、配送车辆优化调度等有关问题中,在完善管理手段、降低管理成本、提高经济效益、提升核心竞争力等方面为物流企业提供了机遇,并且对发展现代物流具有现实意义。

五、地理信息系统在城市公共停车场选址中的应用

(一)基于 GIS 的城市公共停车场选址基本理论

1.基于 GIS 停车场选址的思路

(1)主要思路

利用 GIS 解决空间选址问题有其优势条件,可以在查阅相关资料以及理解停车场选址原则和空间分析原理的基础上,提出基于 GIS 城市公共停车场选址方法的主体思路,构建"初选—筛选—优选"的城市公共停车场三步优化选址模型。具体思路如下:

①基于兴趣点(POI)核密度的初选

先找出初始选址布局点(停车场),再寻找各点的服务范围。初选主要是基于 POI 核密度方法分析 POI 的数量的多少,来确定公共停车场的初始选址位置,然后为每个停车场划分相应的停车场服务范围。

②基于选址适宜性的筛选

先筛选掉不合适的服务范围,然后在合适的停车场服务范围内寻找最优停

车场选址点，并分配泊位数。其中，筛选掉的不合适的服务范围是，根据地形、土地利用、重要交通节点等因素确定选址适宜性，剔除适宜性较差、服务范围面积过小的初始服务范围。

③基于条件限制的优选

先根据限制条件，添加或删除停车场选址点，得到满足限制条件的优选点，在此基础上划分各点的服务范围，再返回第二步重复迭代，直到满足限制条件。优选主要是基于停车场分配泊位数的容量限制以及分布间距的限制，对停车场超过容量限制的服务分区添加适宜选址点，对停车场分布间距过近的服务分区剔除临近点，对选址点进行优化调整后再重新分配泊位数。

（2）主要步骤

基于 GIS 的城市公共停车场选址模型的构建步骤，如下：模型约束条件的确定—数据的收集与预处理—网络成本与选址适宜性分析—基于 POI 核密度的初选—基于选址适宜性筛选—基于条件限制的优选—选址方案的确定。

①模型约束条件的确定

工作人员应根据城市公共停车场选址的原则及影响因素，确定公共停车场选址模型构建时应考虑的约束条件。

②数据的收集与预处理

工作人员应确定分析所需的数据类型，然后通过各种途径采集公共停车场选址研究所需要的各类影响要素数据；再将数据转换成 ArcGIS 软件的数据格式；然后在 ArcGIS 软件中对各种数据定义正确的坐标系统，并进行相应的投影转换，统一成同一个投影坐标系统；最后，进行停车需求预测。

③网络成本与选址适宜性分析

工作人员应对收集的基础数据进行筛选、分类、属性提取、数据重构等。其内容主要包括：分析网络成本栅格，得到反映搜索停车泊位难易程度的网络成本栅格图；分析综合选址适宜性，得到反映建设适宜程度的综合选址适宜性地图。分析的结果将应用到后续的选址分析中。

④基于 POI 核密度的初选

工作人员应先找出初始选址布局点（停车场），再寻找各点的服务范围。

基于 POI 核密度峰值点的初始选址分析：选择合适的邻域分析搜索半径，对处理好的 POI 点数据进行核密度分析，识别出研究区域内的服务设施聚集处的峰值点。POI 核密度峰值点可指导其区域内的公共停车场选址规划，本研究将其作为迭代选址分析模型中的初始选址值。

基于成本分配的停车场服务范围分析：结合网络成本阻力面栅格，根据距离成本最小化准则计算路径成本距离势力圈，作为每个停车场的服务范围。

⑤基于选址适宜性的筛选

工作人员应该先筛选掉不合适的服务范围，然后在合适的停车场服务范围内寻找最优停车场选址点，并分配泊位数。

1）基于选址适宜性的服务范围剔除分析：给定筛选条件，根据综合选址适宜性地图，筛选出含有较好适宜性的地块且服务面积合理的服务范围分区，剔除掉不满足条件的区域。例如，筛选出含有综合选址适宜性值在 3 级及以上、选址点服务区范围面积大于 $150000m^2$ 的面层。

2）基于选址适宜性的停车场选址分析：对筛选出的服务范围，根据综合选址适宜性地图，逐个分析各服务范围内最适宜选址等级的最大面积块，并生成最适宜选址中心点，即可得出停车场选址点位置。

3）基于停车需求的停车场泊位数分配：根据已分类加权 POI 数据集以及差异化停车供给分区原则，将停车需求预测的公共停车场的泊位数，按照合理的分配规则，对备选停车场进行泊位数量分配，得出带泊位数赋值的停车场选址点要素。

⑥基于条件限制的优选

工作人员应先根据限制条件，添加或删除停车场选址点，得到满足限制条件的优选点，在此基础上再划分各点的服务范围，再返回到第五步重复迭代，直到满足限制条件。

1）基于泊位限制的次适宜选址点分析：基于停车场分配泊位数的容量限

制，剔除容量没有达到 20 个泊位的停车场；对容量超过 300 个泊位的停车场，在其服务分区内再添加一个次适宜选址点。

2）基于分布间距限制的合并选址点剔除临近点分析：先合并所有最适宜以及次适宜选址点要素集合，基于停车场分布间距的限制，对分布间距过近的停车场，剔除其临近点。

⑦选址方案的确定

基于以上步骤，最终确定选址方案。

2.GIS 停车场选址的常用空间分析技术

GIS 的核心功能是空间分析，空间分析是地理学领域的重要概念。地理信息系统空间分析是从一个或者多个空间地理数据图层获取属性信息的过程，是集空间数据处理分析和空间模拟表达于一体的地理信息处理技术，通过地理数据计算和空间模拟表达去挖掘潜在的空间信息，以解决实际问题。

空间分析涉及地理空间数据的分析、计算、表达等内容，与一般的数据分析方法不同，它强调事件或参数的时空变化。用户利用空间分析技术，通过对原始数据模型的观察与试验，可以获得新的信息与知识，并以此作为空间行为的决策依据。

空间分析方法有很多。在运用 GIS 对公共停车场进行空间选址分析时，常用的空间分析方法有欧式距离分析、缓冲区分析、坡度分析、重分类、插值分析、核密度分析、焦点分析等方法。

（1）欧氏距离分析

欧氏距离分析在城市公共停车场选址研究中，用于计算各个要素的影响距离范围，如计算距离学校、医院以及重要交通节点 54m 的范围、100m 的范围、150m 的范围等，便于后面对不同距离的影响范围重新进行分级评分。

欧氏距离是一个常用的距离定义，是指在 m 维空间中两个点之间的真实距离。欧氏距离分析算法为计算栅格中源像元中心与其周围每个像元中心之间的直线距离。

（2）缓冲区分析

缓冲区分析在城市公共停车场选址研究中用于计算道路中心线两侧的影响范围、停车场 300m 覆盖范围和面积等。

缓冲区分析是以点、线或面为对象，对一组或一类研究对象按某一指定缓冲距离条件，创建缓冲区多边形，然后，建立这一图层与目标图层的叠加，进而分析得到所需结果的一种空间分析方法，是邻近度问题分析方法之一。

（3）坡度分析

坡度分析在城市公共停车场选址研究中，用于从地形高程栅格中计算各个地理位置的坡度值。

坡度是地面特定点高度变化比率的度量，常用百分比法和度数法来表示。坡度分析用于分析每个像元计算值从该像元到与其相邻的像元方向上的最大变化率。其原理为，将一个平面与源像元周围一个 3×3 的像元领域的 z 值进行拟合，通过最大平均值法来计算该平面的坡度值。坡度值越小，地势越平坦；坡度值越大，地势越陡峭。

（4）重分类

重分类在城市公共停车场选址研究中，用于对欧式距离分析求得的距离范围结果重新进行分级、对坡度分析后的坡度值进行分类处理等。例如，对距离范围分为 8 级，对坡度值分为 8 级等，以合并分类、减少层级、简化计算量。

重分类可对研究目标的初始数据进行分析、重新分类等，提取其中的隐藏信息，就是对原有栅格像元值重新分类，从而得到一组新值并输出。

对数据进行重分类分析的常见操作如下：

①将初始数据替换为新值。

②将初始数据按某个数值进行分组。

③将初始数据按数值段范围进行分类。

④将指定数值设置为 NoData，或者将所有 NoData 的像元设置为特定的值。

（5）插值分析

插值分析在城市公共停车场选址研究中，用于将分区域的人口数据预测拟合到各个地理位置，方便后续分析中获得各个地理位置的人口数据。本部分采用以平滑度为基础，由已知样本点来创建预测表面的插值径向基函数插值方法。该方法不仅能反映整体变化趋势，而且可以反映局部变化。

插值分析可以根据有限的初始样本数据，来预测输出栅格中任何像元位置的未知值。

（6）核密度分析

核密度分析在城市公共停车场选址研究中，用于分析城市公共生活服务设施的聚集程度及其位置。

核密度分析用于计算每个服务设施周围指定邻域搜索半径范围内的包含的设施密度值，并构建平滑表面，实现从离散对象模型到连续场模型的转变，从而对要素进行可视化。核密度分析是一种将 POI 点形式的矢量数据转换为栅格数据的分析手段。

（7）焦点统计分析

焦点统计分析在城市公共停车场选址研究中，用于搜索公共生活服务设施聚集程度的最大值并标记其位置；用于对每个输入像元计算其周围指定邻域范围内的像元值的统计数据，如总和、平均值、最大值、中值等。

（二）基于空间分析的停车场选址模型构建与实现

1.确定模型构建的约束条件

城市公共停车场选址，应坚持"统筹规划、贴近需求、节约资源、差异分区、分散设置、方便使用"的原则，根据影响因素来确定公共停车场选址模型构建时应考虑的约束条件。

（1）容量约束：各停车场泊位容量不宜大于 300 个、小于 20 个。

（2）服务范围约束：停车场应贴近服务需求，设置在人口密集、商业服务设施多的区域附近，距离服务对象不宜大于 300m，且停车场服务范围面积不宜过小。

（3）用地约束：根据《住房城乡建设部、国土资源部关于进一步完善城市停车场规划建设及用地政策的通知》（建城〔2016〕193号）以及《城市停车设施建设指南》的要求，城市公共停车场选址应该符合城市总体规划的用地要求，可结合商业、办公、绿地广场等用地分层设置，复合利用。

（4）地形地貌：根据《城市停车设施建设指南》以及《城市公共停车场工程项目建设标准（建标综函〔2016〕199号）》的要求，公共停车场选址布局要符合坡度、地形起伏度等技术要求。

（5）环境要求：根据《城市道路交通设施设计规范》以及《城市停车设施建设指南》的要求，公共停车场选址布局要考虑噪音、尾气等环境影响，尤其是医院、学校等对周围环境要求较高的设施。

（6）交通影响：应考虑公共停车场出入口对交通流的影响，例如对城市道路、交通枢纽等的影响；要求出入口设置适当远离快主路、靠近次支路等。

（7）停车场分布间距：根据《城市停车设施规划导则》的要求，相邻停车场之间不能距离过近，应尽量分散布局，避免资源浪费。

（8）差异化停车供给分区：主要根据城市土地利用总体规划与人口布局情况，考虑目标年的用地特征、交通发展状况、环境以及人文、城市现状商圈分布等因素的影响，对城市进行差异化停车供给分区，促进公共停车设施合理共享与高效利用。根据差别化的停车设施供需关系，分为停车严格控制区（Ⅰ区），该区停车泊位供应率为0.8；停车适度控制区（Ⅱ区），该区停车泊位供应率为1.0；停车协调发展区（Ⅲ区），该区停车泊位供应率为1.2。

2.数据的采集与预处理

（1）所需的数据类型

利用GIS对城市公共停车场进行选址分析时，主要需要以下数据类型：

①机动车保有量信息：研究区域近期的机动车保有量统计数据。

②人口布局信息：研究区域分街道、乡镇级别的人口统计数据。

③用地规划信息：研究区域土地利用总体规划矢量数据，包括学校、医院、主要文体娱乐设施、重要交通节点（火车站、汽车站、公交首末站）、铁路、河流水系及其他用地分布等。

④路网规划信息：研究区域主要规划路网矢量数据。

⑤地形地貌信息：研究区域内的 DEM 数据。其主要用于描述地面起伏状况，是地形分析的基础，可以用于提取各种地形坡度、起伏度、坡向等参数。

⑥现状设施分布情况：主要是各类地理空间数据，包括现状学校、医院、现有公共停车场、城市重大交通节点、文化体育设施、餐饮设施、酒店住宿、大型综合商业、政府机构、公园广场等地理空间位置数据。

POI（兴趣点）是地理信息系统中泛指一切可被抽象为点状数据的地理对象，比如，学校、医院、酒店、车站、商场等与人类生活密切相关的地理实体。POI 的用途是对事件或物体的地理位置信息进行描述与位置标注，能增强对位置的定位精度和查询速度，也是探究城市空间结构、识别城市功能分区、研究商业活动集聚特征的一种重要数据源。

（2）数据的采集

根据上述所需的数据类型，进行数据资料的收集和采集。

①从规划部门收集研究区域内标准的行政区划 Shapefile 文件数据以及城市总体规划数据，包含城市总体规划的文本与图集电子档。

②从统计部门收集历年的国民经济和社会发展统计公报，包含经济与人口数据。

③从交警部门收集城市机动车保有量数据。

④使用基于高德地图的数据爬取工具，爬取城市各类 POI 数据。

⑤从地理空间数据云互联网平台获取的地形 DEM 栅格数据。

⑥从互联网及其他渠道获取其他相关矢量数据。

（3）数据的预处理

由于获取数据的来源不同、类型不同、格式不同，为统一格式便于分析，因此需要将收集到的数据转换成 ArcGIS 软件可使用的数据格式。不同的数据来源可能使用不同的坐标系，不同的坐标系因为使用不同的转换算法，导致相互之间会存在一定的地理位置偏差。因此，需要先在 ArcGIS 软件中对各种数据定义正确的坐标系统，并进行相应的投影转换，统一成同一个投影坐标系统。

因此，数据的预处理包括两个方面的内容：数据格式转换与坐标转换。数据预处理主要步骤如下：

①确定分析范围、坐标以及参照数据

1）分析范围边界：为了方便研究以及去除栅格分析时的边界效应，采用矩形的分析范围。在 ArcGIS 中确定一个矩形区域作为分析范围边界，所有的数据都在该矩形范围内进行处理。

2）投影坐标系统：为了消除数据偏差、方便距离计算，需要统一投影坐标系统。首先，确定本文采用地理坐标系统为 GCS WGS1984 坐标；其次，根据地理坐标转换成投影坐标的投影原理，按照确定的矩形分析区域范围，找出其对应的经度范围；最后，按照 3 度带划分方法，判断与当地最靠近的中央子午线，再基于复杂横轴墨卡托方法，进行自定义投影坐标转换，并命名保存。

3）现状标准参照数据：其他来源数据在进行纠偏处理时作为标准位置参照。从相关渠道获取标准、无偏移的行政区划基础 GIS 数据。该数据来源较为规范，由此，后续数据以该数据为标准参照，进行相应的地理配准、矢量变换等操作，将数据进行纠偏处理，最后进行投影坐标变换。

②人口布局数据处理

人口布局数据处理的目的是得到分区域的人口数和人口密度值。根据现状标准行政区划数据以及人口数据，经过添加属性、空间连接、字段计算等操作，得到添加了人口密度的分区域面要素、分区域人口点要素，并存储到人口布局数据文件地理数据库中。

③土地利用总体规划数据处理

土地利用总体规划数据处理的目的是将总规 CAD 矢量文档先进行格式转换，然后进行数据纠偏，最后转换成投影坐标。先将土地利用总体规划图的 CAD 电子文档分别按照不同的土地利用类型进行格式转换前预处理，使用快速导入工具，预给定投影坐标导入 ArcGIS 中保存；接着，整体转换成 GCS WGS 1984 地理坐标，按照标准参照数据，使用仿射变换的方法进行三次空间校正，以提高校正精度；最后将经过校正后的数据转换成投影坐标，将得到各的类土地利用面要素，铁路、城市路网数据及研究中心城区范围等要素，存放于土地利用总体规划文件地理数据库中。

③主要规划路网数据处理

主要规划路网数据处理的目的是提取总规中的城市主要路网数据。从上面得出的土地利用总体规划中，提取已经完成投影坐标转换的高速路、快速路、主干路、次干路、支路及外围道路等要素，并存储到城市主要规划路网文件地理数据库中。

⑤DEM 栅格数据处理

DEM 栅格数据处理的目的是转换成投影坐标，并裁剪出分析范围内的地形栅格数据。将从地理空间数据云互联网平台获取的地形 DEM 栅格数据转换成投影坐标，然后使用栅格裁剪工具，根据分析边界范围进行裁剪，得到分析范围内的地形 DEM 栅格数据。

⑥POI 数据处理

POI 数据处理的目的是将爬取到的 POI 数据进行坐标纠偏，转换数据格式以及投影坐标。研究中的各类 POI 数据是基于高德地图使用数据爬取工具获取的，而高德地图采用的坐标系统为火星坐标系。火星坐标系是由中国国家测绘局针对互联网地图制订的加偏后地理信息系统的坐标系统。因此，需使用相应的坐标转换工具，经过相应的纠偏处理，由 GCJOZ 坐标转换成 GCS WGS 1984 地理坐标，然后转换成投影坐标，进行数据分类清洗，之后提取分析边界范围的数据并存储到 POI 数据文件地理数据库中，包括现状学校、医院、现有公共停车场、城市重大交通节点、文化体育设施、餐饮设施、酒店住宿、大型综合商业、政府机构、公园广场等类型的点要素数据。

（4）停车需求预测

停车需求预测是城市公共停车场选址研究重要的定量依据，也是制定停车场设施建设方案和管理制度的重要基础。

工作人员应根据城市的机动车保有量和人口状况，采用基于城市规划人口预测模型，基于机动车保有量的预测两种方法，来综合预测公共停车场停车泊位需求量，确保需求预测的准确性，为停车设施规划提供依据。其中有两种预测方法，如下所示：

①基于城市规划人口预测

基于中心城区规划人口预测城市公共停车需求，不包括基本停车需求。

根据《城市道路交通规划设计规范》的要求，城市社会共用公共停车场的总用地面积可按规划城市人口 0.8m²/人计算，其中机动车停车场的用地宜为 80%～90%，非机动车停车场的用地宜为 10%～20%。根据未来城市发展的特点，城市发展弹性系数取 1.0～1.3。机动车公共停车场占地面积，宜按当量小汽车停车位数计算。地面公共停车场，每个停车位宜为 25～30 平方米；依停车楼和地下停车库的建筑面积来看，每个停车位宜为 30～40 平方米。

②基于机动车保有量的预测

根据《城市停车规划规范》的要求，规划人口规模小于 50 万人的城市，机动车停车位供给总量宜控制在机动车保有量的 1.1～1.5 倍。其中建筑物配建停车位占总需求量的 85%以上，城市公共停车场的停车泊位占总量的 10%～15%，路内临时泊位占总量的 5%以下。

3.网络成本与选址适宜性分析

（1）网络成本栅格分析

①分析的目的

网络成本栅格分析模型的目的是得出反映搜索停车泊位难易程度的网络成本栅格图，网络成本栅格中每个网格像元的属性值表示其成本，它代表穿过该像元所消耗的单位距离成本。后续分析将以该成本计算空间任意停车需求点到周边最便捷的停车场，为停车场服务范围的划分提供依据。

②分析所需要素

该分析所需影响要素主要有：

1）城市主要规划路网：包括研究区域内的高速路、快速路、主干路、次干路、支路及城市外围道路。

2）城市土地利用总体规划：主要包括河流水系以及铁路部分。

3）地形 DEM 数据：提取地形中的坡度、地形起伏度。

③分析的原理及过程

该模型主要考虑道路、铁路、河流水系、坡度、地形起伏度等因素的影响。根据不同土地利用类型的行进时间成本不同，用费用成本加权的方法，综合各要素进行网络成本栅格分析，得出研究区域的网络成本阻力面栅格。为后面做成本距离分析提供成本阻力输入栅格，以辅助计算研究区内某个研究像元到其他目标像元之间可能存在的所有路径的积累进行成本核算，选择出其中阻力成本最小的路径。

（2）综合选址适宜性分析

①分析的目的

该模型的最终目的是得到反映建设适宜程度的综合选址适宜性地图，可方便获悉研究区域中每个地理位置的公共停车场选址建设的适宜性程度，为后续迭代选址分析模型进行停车场选址研究提供依据。

②分析所需要素

该模型所需影响要素主要有：

1）城市人口布局：人口密度。

2）城市主要规划路网：包括研究区域内的快速路、主干路、次干路、支路、外围道路。

3）城市土地利用总体规划：学校医院、主要文体娱乐设施、重要交通节点（火车站、汽车站、公交首末站）及其他土地用地类型。

4）地形 DEM 数据：提取地形中的坡度。

5）商圈分布：未来的商圈分布将反映停车场的建设费用的高低。

③分析的原理及过程

综合选址适宜性分析主要考虑人口密度、学校医院、主要文体娱乐设施、重要交通节点、其他土地用地类型、快主次支路、坡度、商圈分布等因素对公共停车场选址的影响，按各类影响因素的适宜程度从高到低进行分级排列，并赋予各级相应位置的适宜值，再根据每类因素对选址影响的重要程度，为每个数据集指定不同的权重，最后合并适宜性地图。

4.基于POI核密度的初选

（1）基于POI核密度峰值点的初始选址分析

①分析的思路

该分析的目的是找出公共停车场的初始选址点。主要思路是，先以300m为邻域搜索半径得出核密度分析栅格图，进而识别研究区域内的服务设施聚集处的峰值点，即搜索出人气较旺的位置或停车需求量最大的位置，作为后面迭代选址分析模型中的初始选址位置。因此，该分析最主要的是，进行POI核密度峰值点提取。

②分析所需要素

POI数据主要包括从高德地图获取的学校、医院、现有公共停车场、城市重大交通节点、文化体育设施、餐饮设施、酒店住宿、大型综合商业、政府机构、公园广场等服务设施的POI数据。

分析边界范围数据：分析矩形区域。

③分析的基本原理

该分析主要利用大量的POI数据进行研究分析，其基本原理是：

1）先对各类地理空间POI数据进行整理，并对属性值进行加权。

2）选择合适的邻域分析搜索半径，进行核密度分析；计算POI点要素在其周围邻域中的密度，并对密度分布进行连续化拟合成光滑锥状的表面；以表面中输出栅格像元的核密度值来反映研究区域内服务设施的分布特征，即得出核密度栅格图。那么，POI核密度值越高的地方，表示该区域城市功能越集中，即停车需求量越大。

3）进行核密度峰值点提取分析，进一步识别出POI核密度分析栅格图的峰值处，即停车需求量最大的位置，将其作为迭代选址分析模型中的初始选址值。

④分析的过程

该分析的主要目的是识别出研究区域内以300m为邻域搜索半径的服务设

施聚集处的峰值点，根据分析原理，其分析步骤如下：

1）数据库准备：在 POI 核密度峰值点提取分析文件夹内，新建文件地理数据库，然后分别导入所需数据。

2）给定权重系数：由于不同类型的建筑物交通出行率值，会产生不同的停车需求量，因此，每类 POI 要素有着不同权重的停车需求量；参考建设项目交通影响评价技术手册以及建设项目交通影响评价技术导则中的不同类别建设项目的出行率参考指标，分别对各类 POI 点要素赋予不同的停车需求系数以及各自的面积系数，两者的乘积得到各类 POI 点要素的交通生成系数，给定的停车需求系数以及面积系数赋值范围表。

3）在 ArcMap 中，使用添加字段工具，对已分类 POI 点要素分别添加停车需求系数、面积系数、交通生成系数三个属性字段，然后按照系数赋值范围表对各类 POI 要素添加停车需求系数以及面积系数的权重值，之后使用计算字段工具，将两者数值相乘得到各类 POI 点要素的交通生成系数的权重值。

4）根据各停车场应靠近服务对象设置，距离主要服务对象城区不宜大于 300m，郊区不宜大于 500m 的约束条件；核密度分析的邻域分析搜索半径设定为 300m。使用核密度分析方法对加权属性的 POI 数据进行核密度分析，得到核密度图。据焦点统计，首先设定分析矩形区域，提取每个分析中栅格像元的最大值，并将其赋给焦点（待计算矩形区域的中心），使得每个像元的值都是周围矩形范围内所有像元的最大值。

5）栅格计算：计算焦点统计后的最大值栅格数据与原始数据之差。

6）重分类：提取 0 值，对栅格计算后的统计栅格进行重分类，将原值为 0 的设为 1，原值非 0 的部分替换为 NoData 值。

7）栅格转面：将重分类栅格数据转为矢量面格式。

8）筛选：按面积提取类似山峰的面积小块，导出保存。

9）转点并提取峰值：将面要素转为点要素，并提取峰值点的属性值至点，即将该处的核密度估计值 $f(s)$ 添加至峰点的属性里，即完成核密度图的峰值点提取分析，将提取的峰值点作为后面迭代选址分析模型中的初始选址值。

（2）基于成本分配的停车场服务范围分析

①分析的思路

该分析的目的是为上一步分析出的每个初始停车场划分服务范围。主要思路是，结合网络成本阻力面栅格，基于成本分配算法，先将以该成本计算空间任意停车需求点到周边最便捷的停车场；然后按停车场进行归类，划分的势力范围，作为每个假定停车场的服务范围。因此，该分析最主要的是进行成本分配服务范围分析。

②分析所需要素

该分析所需影响要素主要有：

1）停车场选址位置点数据。例如，POI 核密度峰值点提取分析出的初始选址位置以及后面重新迭代出的选址点位置。

2）成本网络分析得出的网络成本阻力面栅格。

③分析的基本原理

基于成本分配的停车场服务范围分析的原理是结合网络成本阻力面栅格，按照累积距离成本最小化准则，计算栅格中每个像元的最小成本目标源，进而识别花费最小累积距离成本便可到达的每个源位置的区域，即为每个停车场备选点位置划分影响势力范围分区栅格，然后将成本距离势力圈栅格转换为成本距离势力圈（即服务范围）面层，以便后续条件筛选分析。

势力圈是对时空平面基于距离成本的一种剖分，其特点是：

1）每个势力圈内仅含有一个目标源数据，即每个服务范围分区内仅含有一个停车场。

2）在势力圈范围内的所有位置点到相应目标源点的距离成本是最小的，即每个停车场服务范围内的所有停车需求点到达该停车场最便捷。

3）位于势力圈边上的位置点到其两边的目标源点的成本距离相等，即位于两个停车场服务范围交界处的停车需求点到达两个停车场的便捷程度一样。

4）参考 ArcGIS 的帮助文档以及相关书籍，距离成本计算主要分为三种基本方式，即相邻结点成本计算、累积垂直成本计算、对角结点成本计算。

5.基于选址适宜性的筛选

（1）基于选址适宜性的服务范围剔除分析

①分析的思路

该分析的目的是剔除掉服务面积较小、选址适宜性较差的区域。主要思路是，先分别筛选出含有综合选址适宜性值在三级及以上、选址点服务区范围面积大于预定值的服务范围面层，然后再相结合，得到结果要素。

②分析所需要素

该分析所需影响要素主要有：

1）综合选址适宜性分析得出的综合选址适宜性地图。

2）基于成本分配的停车场的服务范围分区。

③分析的原理

给定筛选条件，从输入要素类或输入要素图层中提取满足属性筛选条件的要素，并将其存储于输出要素类中；将按属性提取、按位置选择、提取分析中的筛选等工具进行组合分析，以实现各种不同功能的分析算法。

④分析过程示例

1）分别筛选出综合选址适宜性栅格中适宜度值在3级及以上的所有像元。

2）剔除掉备选停车场选址点的服务范围分区面层中面积过小的势力圈。

3）将两个筛选结果要素结合起来分析，再次筛选出含有综合选址适宜性值在三级及以上、选址点服务区范围面积大于某个给定值的服务范围面层。

（2）基于选址适宜性的停车场选址分析

①分析的思路

该分析的目的是在合适的停车场服务范围内寻找最适宜的停车场选址点。主要思路是，对筛选出的合适的服务范围面层，逐个分析各服务范围内最适宜选址等级的最大面积块，并生成最适宜选址中心点，即可得出停车场空间选址点位置。

②分析所需要素

该分析所需影响要素主要有：

1）基于选址适宜性的服务范围剔除分析后的要素。

2）基于综合选址适宜性分析得出的综合选址适宜性地图。

③分析的原理及过程

1）筛选出含有选址适宜度三级及以上且面积合适的各个服务范围，逐个对选址适宜性整型栅格进行裁剪，输出各服务范围内包含的选址适宜性栅格。

2）栅格转面便于选取分析。

3）筛选、剔除掉面积过小的适宜地块。

4）按照适宜等级与面积属性从大到小进行排序。

5）选出各个服务范围内的最适宜等级中的最大面积地块。

6）将各个最大面积块转换成中心点要素，得到各个服务范围内的选址最适宜中心点，即为停车场选址点位置。

（3）基于停车需求的停车场泊位数分配

①分析的思路

该分析的目的是对停车场进行泊位数分配。主要思路是，根据停车需求预测的公共停车场的泊位需求量以及差异化分区原则，将预测的泊位总数按照各服务范围内 POI 活跃度的比例，对备选停车场进行泊位数量分配，得出带泊位数赋值的停车场选址点要素。

②分析所需要素

该分析所需影响要素主要有：

1）停车需求预测的公共停车场的泊位需求量。

2）已分类加权 POI 数据集：基于选址适宜性的停车场选址分析出的停车场选址点要素。

6.基于条件限制的优选

（1）基于泊位限制的次适宜选址点分析

①分析的思路

该分析的目的是基于泊位容量限制对选址再优化。分析思路是，先剔除容量没有达到 20 个泊位的停车场；对容量超过 300 个泊位的停车场，在其服务分区内再添加一个次适宜选址点，即相当于在其范围内添加一个停车场选址点。

②分析所需要素

该分析所需影响要素主要有：

1）带泊位数赋值的停车场选址点要素。

2）更新的停车场选址点服务范围。

3）综合选址适宜性地图。

③分析的原理及过程

1）先剔除容量没有达到 20 个泊位的停车场。

2）按属性筛选出停车泊位数大于 300 个的停车场选址点，然后结合更新的停车场选址点服务范围，筛选出停车泊位数超过 300 个的选址点服务范围。

3）逐个对选址适宜性整型栅格进行栅格裁剪，输出各服务范围内包含的选址适宜性栅格。

4）栅格转面便于选取分析，并剔除掉面积过小的适宜地块。

5）按照适宜等级与面积属性从大到小进行排序。

6）选出各个服务范围内的次适宜地块。

7）将各个次适宜地块转换成中心点要素，得到各个服务范围内的次适宜选址点，即相当于在其范围内添加一个停车场选址点。

（2）基于分布间距限制的合并选址点剔除临近点分析

①分析思路

该分析的目的是基于分布间距限制对选址再优化。分析思路是，先合并所有最适宜以及次适宜选址点要素集合，再删除临近选址点的点要素，即每个单独的适宜地块内只保留一个停车场备选点。

②分析所需要素

该分析所需影响要素主要有：

1）分析出的最适宜以及次适宜选址点要素。

2）综合选址适宜性地图。

③分析的原理

1）将综合选址适宜性地图重分类向上取整，得到整型选址适宜性栅格，并将栅格转面，得到选址适宜性图面层。

2）合并分析出所有最适宜以及次适宜选址点要素集合。

3）将得出的面层与合并点要素进行空间连接。

4）位于同一个适宜地块内的临近点具有相同的编号属性。

5）使用删除相同值分析工具删除临近点，得出删除掉临近选址点的点要素，即每个单独的适宜地块内只保留一个停车场备选点。

第五章　3S 技术集成及其应用

第一节　3S 技术集成基础

一、"3S"的定义

一般来说，"3S"是地理信息系统（GIS）、遥感（RS）和空间定位系统（主要是指 GPS）的英文缩写的简称。测绘学界也有"5S"的叫法，就是在"3S"基础上，增加数字摄影测量系统（Digital photogrammetry System，以下简称 DPS）和专家系统（Expert System）。鉴于"5S"的说法没有被其他行业广泛接受，而"3S"在 20 世纪 90 年代一经提出就得到了各界的高度重视。1992年，亚洲及太平洋经济社会委员会第四十八次会议指出，RS 与 GIS 技术已成为环境监测、减轻自然灾害、管理自然资源和使其持续发展的必不可少的工具，并成为跨学科的应用技术。美国摄影测量和遥感学会在 1992 年年会中提出，要重视摄影测量、遥感和地理信息系统的结合，此后又加入了 GPS。目前，"3S"已被各行业所接受，并广泛应用。经过多年的发展，"3S"技术现已成为一门重要的空间信息处理技术。

对于"3S"更科学、严谨的定义至今尚未统一。有人基于这三门学科都是分析、研究具有空间内涵的地学数据，而提出了"地学信息学"；也有人基于学科所接收的信息都是图像（包括数字的）形式的，而称其为"图像信息学"

（Iconic Informatics）。该学科的一般定义可描述为：通过非接触性的传感器系统，对物体及其环境所获取的影像信息进行记录、存储、量测处理、解释、分析、显示和利用的一门学科。

二、3S 技术集成的含义

3S 技术集成的英文名称为 3S Integration。Integration 的中文含义为整体、集成、综合、一体化等；对于系统一般采用系统集成的翻译法；对于数据一般更多的是使用 Data Fusion，意指数据的融合、整合。其核心含义是要在不同的部分之间建立一种有机的联系。这种联系有多种实现方式，不同实现方式之间相互联系的紧密程度和性质会有差异，实现的代价和针对的应用目的也不同。这种联系的差异可以从广度、深度和同步性三个方面来探讨。

广度是指建立了联系的子系统或要素的多少，包括三种两要素集成方式（RS+GIS/RS+GPS/GIS+GPS）和一种三要素集成方式（RS+GIS+GPS）。

深度是指联系的紧密程度，包括三个层次：数据层次的集成、平台层次的集成和功能层次的集成。数据层次的集成，是通过数据的传递来建立子系统之间的联系，此时，平台处于分离状态，数据传递要通过网络或人工干预完成，故效率较低。平台层次的集成是在一个统一的平台中分模块实现两个以上子系统的功能，各模块共用同一用户界面和同一数据库，但彼此保持相对的独立性。功能层次的集成是一种面向任务的集成方式，此种集成方式同样要求平台统一、数据库统一、界面统一，但它不再保持子系统之间的相对独立性，而是面向应用，设计菜单、划分模块等，往往在同一模块中包含属于不同子系统的功能实现。

同步性是指系统处理数据的时效性与现势性，即数据获取与数据处理的时间差，包括完全同步、准同步和非同步三种方式。完全同步是指数据获取与数据处理同时进行，此方式下数据采集是一个连续的不间断过程，并且要求数据处理的速度与数据采集的速度严格匹配；标准同步是在数据获取与数据处理之间存在一定的时间差，造成该时间差的原因是数据处理的速度与数据采集的速度不能严格匹配，进而使得数据采集不是连续进行而是在两次采集之间存在一定的时间间隔；非同步是指数据获取与数据处理之间存在较长的时间间隔，造成原因是数据获取与传递的过程太长（如统计资料和 RS 影像），有时是因为目前尚不能克服的技术上的一些限制（如用载波相位法解算的定位数据）。应该指出，同步与准同步方式不仅要求数据处理平台集成，同时，也要求数据采集平台集成，故实现的代价较高，通常只用于需要实时监控和快速反应的紧急事件，如救灾抢险、交通或战场指挥等。在大多数情况下，非同步方式都能满足应用要求，且成本远低于同步、准同步方式，是一种恰当的选择。

三、3S 技术集成的方式

（一）RS 与 GIS 集成

RS 与 GIS 的集成是 3S 技术集成中最重要、最核心的内容。实际上，早在 3S 技术集成的概念出现之前，学术界已对 RS 与 GIS 的集成进行了充分而深入的探讨，在许多方面已经形成了共识。RS 与 GIS 集成的基本出发点是，RS 可为 GIS 的数据更新提供稳定、可靠的数据源，而 GIS 可以为 RS 影像提供区域背景信息，提高其解译精度。在航空遥感时代，典型的作业方式是先将航片解译成图，然后经过数字化后进入 GIS。尽管这种方式效率不高，但由于航空遥感覆盖周期长，影像数量少而数据分辨率高，手工作业的低效率引起的矛盾并不明显。进入航天遥感时代，遥感影像的数量猛增而分辨率大大降低，上述矛盾变得尖锐。人们开始尝试用计算机图像处理系统自动处理 RS 影像并将结果传输到计算机中，再进一步形成集成的思路。RS 与 GIS 可以在数据、平台和功能三者中的任一层次上进行集成，其目标是非实时数据处理，故通常采用非同步方式。数据结构的转换曾经是集成的难点，因为早期的 GIS 大多采用矢量数据结构，而 RS 采用栅格数据结构记录。绝大部分 GIS 现已能够处理矢量、栅格两种数据格式，此问题已基本得到了解决。集成的另一难点是 RS 影像信息的自动识别和提取，该问题仍未能彻底解决。

（二）GIS 与 GPS 集成

GPS 和 GIS 集成是利用 GIS 中的电子地图结合 GPS 的实时定位技术，为用户提供一种组合空间信息服务方式，通常采用实时集成方式。从严格意义上说，GPS 提供的是空间点的动态绝对位置，而 GIS 提供的是地球表面地物的静态相对位置，二者通过同一个大地坐标系统建立联系。实际应用中，在非集成方式下使用 GIS 和 GPS 技术，常常会出现以下两方面的问题：其一，在实地位置和图上位置之间建立联系只能靠目测估计，速度慢，准确性差；其二，在动态定位或者缺乏参照物的场合，由于不能确定实地位置和图上位置之间的对应关系，只能靠目测来获得测点周围地物的相对位置，受人眼视野窄、不能定量等因素的影响，靠目测获得的测点周围地物相对位置在信息量、准确性等方面存在严重不足。所以，在电子导航、自动驾驶、公安侦破、实时数据采集和更新等既需要空间点动态绝对位置，又需要地表地物静态相对位置的应用领域，GIS 与 GPS 集成几乎是一种必然的选择。具体来说，存在以下几种集成模式：①GPS 单机定位+栅格式电子地图；②GPS 单机定位+矢量电子地图；③GPS 差分定位+矢量/栅格电子地图。

（三）RS 与 GPS 集成

GPS 和 RS 集成的主要目的是利用 GPS 的精确定位功能解决 RS 定位困难的问题，既可以采用同步集成方式，也可以采用非同步集成方式。传统的遥感对地定位技术主要采用立体观测、二维空间变换等方式，采用"地—空—地"模式，先求解出空间信息影像的位置和姿态或变换系数，再利用它们来求出地面目标点的位置，从而生成 DEM 和地学编码图像。但是，这种定位方式不但费时费力，而且当地面无控制点时更无法实现，从而影响数据实时进入系统。GPS 强大的定位功能为 RS 影像的实时处理与快速编码提供了可能，其基本原理是采用 GPS/INS 方法，将传感器的空间位置（Xs，Ys，Zs）和姿态参数（φ，w，k）同步记录下来，通过相应软件，快速、直接产生地学编码。

（四）3S 整体集成

3S 整体集成包括以 GIS 为中心的集成方式和以 GPS/RS 为中心的集成方式。前者的目的主要是非同步数据处理，通过利用 GIS 作为集成系统的中心平台，对包括 RS 和 GPS 在内的多种来源的空间数据进行综合处理、动态存储和集成管理，同样存在前文所说的数据、平台（数据处理平台）和功能三个集成层次，可以认为是 RS 与 GIS 集成的一种扩充。后者以同步数据处理为目的，通过 RS 和 GPS 提供的实时动态空间信息结合 GIS 的数据库和分析功能，为动态管理、实时决策提供在线空间信息支持服务。该模式要求多种信息采集和信息处理平台集成，同时需要实时通信支持，故实现的代价较高。加拿大的车载 3S 集成系统（VISAT）和美国的机载/星载 3S 集成系统是后一种集成模式比较成功的两个实例。

RS 可以提供最新图像信息，GPS 可以提供图像信息中"骨架"位置信息，GIS 可以为图像处理、分析应用提供技术手段。

3S 集成被形象地比作人的"一个大脑+两只眼睛"。GIS 充当人的大脑，对所得信息进行管理和分析；RS 和 GPS 相当于两只眼睛，负责获取浩瀚信息和空间定位。

3S 集成构成了整体的实时动态对地观测、分析和应用的运行系统，为科学研究、政府管理、社会生产提供了新一代的观测手段、描述语言和思维工具。

3S 集成是 GIS、GPS 和 RS 三者发展的必然结果。3S 集成技术的迅猛发展，使得传统的地球系统科学所涵盖的内容发生了变化，形成了综合的、完整的对地观测系统，提高了人类认识地球的能力。现在也有人不仅限于 3S，提出了更多的系统集成，将 3S 再加上数字摄影测量系统（DPS）和专家系统（ES）构成"5S"；还有人将 3S 集成系统与实况采集系统（LCS）和环境分析系统（EAS）进行集成，以实现地表物体和环境信息的实时采集、处理和分析。

GPS 为 RS 对地观测信息提供实时或准实时的定位信息和地面高程模型；RS 为 GIS 提供了自然环境信息，为地理现象的空间分析提供定位、定性和定量的空间动态数据；GIS 为 RS 影像处理提供辅助，用于图像处理时的几何配准和辐射纠正、选择训练区以及辅助关心区域等。在环境模拟分析中，RS 与 GIS 的结合可实现环境分析结果的可视化。3S 集成一体化 将最终建成新型的地面三维信息和地理编码影像的实时或准实时获取与处理系统。

第二节 3S 技术集成的典型应用领域

一、实时测量和空间数据库实时更新与分发

各种测量手段，如地面全站仪、GPS、航空与卫星遥感数据采集系统等，都可以与实时双向数据通信系统结合；任何野外测绘和地图更新工作都可以通过可视通信方式，与 GIS 基础地理信息中心、网络 GIS 空间数据服务中心等直接在线实时相连接，所有数据采集成果均可进行实时入库、实时质量控制，这将使现有的空间数据采集方法产生革命性变化。同时，利用网络技术也可以实现空间数据的在线处理和制图，如测量平差、专业制图等，这使得空间信息技术的发展朝着专业化分工又迈进了一步。此外，还可以实现空间数据的分发和服务。一方面，通过电子商务平台向各种用户发送所需的各种数据；另一方面，还可以按照用户的要求完成各种空间分析，为用户提供多种专业的分析结果，从而方便空间信息应用。

二、数字城市

城市是人们现实生活中重要的活动空间，随着现代城市的飞速发展，人们对城市的了解不再停留在原有的数字图或平面图上，而是要求有一个直观的、现实的感受和了解。因此，数字城市是数字地球中一个不可缺少的重要组成部分。目前，数字城市大致分为三种：①以文本形式提供的信息源，如平面图；②二维站点，包括城市地图和风景画（电子地图）；③三维数字城市空间，以三维虚拟城市模型作为界面，加载各种专题信息系统，提供各种信息服务。

第三种形式是未来数字城市的基本表现形式，对于未来的城市信息服务具有十分重要的意义。城市信息是指为满足城市居民日常生活、工作需要的时间和空间信息，如城市道路、交通、旅游、电信、服务机构（包括医疗、商业、政府机关等）等信息。

城市信息服务是为城市居民提供各种信息、日常业务等以信息数据处理为主要内容的各类服务项目，如提供城市交通路况、旅游景点分布及其详情、商业网点的布局及各自特色、城市道路与建筑物的空间分布等。在数字城市中，人们只需在计算机系统上告知或者输入自己感兴趣的城市或想了解的信息，即可以对该空间信息进行定位、浏览，甚至可以通过数字地球开展业务运作、购物、旅游、休闲、娱乐、与朋友聚会聊天等。城市信息服务具有用户数量大，需求信息、实时信息、服务方式的多样化等特点。宽带和分布式的三维数据浏览、管理、交互式操作，将是数字城市建立的基础。

三、智能交通

智能交通系统就是充分利用现代化的通信、定位、传感器及其他与信息有关的技术，来减少交通拥挤、提高交通量、改善交通安全状况；是充分利用路网资源并减少对环境的影响，快速实现交通信息的采集和传递，在人、车、路之间构造最优时空模型，从而合理分配交通资源、改善地面交通条件的一项有战略意义的系统工程，涉及先进的空间定位技术、基础地理信息采集和更新技术与通信技术。基础地理信息是智能交通系统（Intelligent Traffic System，以下简称 ITS）的数据支持平台，由于道路等基础建设的发展日新月异，城市交通网和高等级公路网的建设周期减短，使得基础地理信息必须快速更新，才可具备实时、全面、准确等实用特征，从而保持 ITS 的现势性。高分辨率的卫星遥感（1m 分辨率）与航空摄影测量成图方式相结合，再辅以成图方式较为灵活、快捷的 3S 自动道路测量系统，可以快速、高效地采集和更新地理信息（空间三维坐标信息和地物属性信息），进行大比例尺的数字地图成图及地图修测生产，解决 ITS 中基础地理信息数据的现势问题。在基于 3S 集成的空间信息的采集中，通过 DGPS 可以提高空间数据的测量精度。DGPS 要求差分站和基准站建立良好的广播通信，可以采取的通信方式有广域无线方式（固定到移动）、专用短程通信（固定到移动）和车辆到车辆（移动到移动）。

另外，通信也是整个 ITS 的重要组成部分，车辆的实时定位、导航和车辆调度、管理必须建立在成熟稳定的通信链技术的基础上。因此，ITS 必须将交通运输与远程通信世界联系起来，选择的通信技术要求满足局部、区域和全国的要求。目前，可供选择的通信手段包括无线电、卫星、蜂窝电话、广播呼叫、无线电数据系统（RDS）和中继电台技术。选择的原则是为特定的问题选择适当的通信手段，同时考虑最佳报告率、容量、地域覆盖和性价比等因素。

经济的加速发展和市场的繁荣使得交通运输空前繁忙，各种车辆的数量迅速增加，由此产生的交通问题也日益严重。空间信息技术和通信技术的结合，使得在道路交通领域实施智能交通系统，不仅能大大解决交通问题，而且能改善全球环境，促进经济的可持续发展。

四、精细农业

自 20 世纪 90 年代以来，精细农业作为基于信息高科技的集约化农业出现，并成为农业可持续发展的热门领域。精细农业将 GIS、GPS、RS、计算机技术、通信技术、网络技术、自动化技术等高科技集成，并与地理学、农业、生态学、植物生理学、土壤学等基础学科有机地结合起来，实现在农业生产过程中对农作物、土地、土壤从宏观到微观的实时监测，以实现对农作物生长、发育状况、病虫害、水肥状况以及相应的环境状况进行定期的信息获取和动态分析，通过专家系统的诊断和决策，制定实施计划，并在 GPS、GIS 集成系统支持下进行田间作业。精细农业首先必须建立全球的航空遥感或卫星数据采集网，以获取实时的农作物征兆图；其次，通过影像处理进行变化监测，结合已储存的土壤背景库和农田灌溉、施肥、种子等农作物专家系统数据库进行分析，做出判断，形成诊断图；最后，将诊断结果与管理信息系统（Management Information System，以下简称 MIS）结合起来进行分析，再结合社会经济信息做出投入产出估计，提出实施计划，由装有自动指挥和控制的农业机械，在 GPS 的引导下，开到指定的农田，完成指定的作业任务。

为了保证作业的精确性，需要建立相应地区的专题电子地图和广域/局域 GPS 差分服务网。此外，要保证整个系统的效率，影像变化检测数据、GIS、MIS 要求建立高效的通信联系，借助 GPS 的实时定位，与农业机械、农业物资管理部门实现实时控制、反馈。实现的可行手段是在整个系统中建立无线通信网络，实施各模块的交互，其中无线应用协议（Wireless Application Protocol，以下简称 WAP）和调频（Frequency Modulation，以下简称 FM）是两个有效的通信方式。

五、3S 集成的应用示例

（一）移动服务

移动服务一般认为在移动环境下，通过 GIS 服务于普通大众。移动式 GIS 的实现使 GIS 真正跳出了"G"，融入了 IT 主流技术。移动式 GIS 的实现至少需要由地理信息服务器、移动接收设备、移动定位设备、数据通信这四个部分组成。目前，移动位置服务（Mobile Location Service，以下简称 MLS）和手机位置服务（Location Based Service，以下简称 LBS），是基于位置服务的移动地理信息系统（Mobile Geospatial Information System，以下简称 Mobile GIS）的两个应用名词。正是 MLS 和 LBS 的出现，才使地理信息更好地服务于 4A，即 Geoinformation for Anyone、Anything、Anywhere 、Anytime。而位置服务最早从美国发展起来。1996 年，美国联邦通信委员会（FCC）下达指示，要求移动运营商给手机提供用户 911（应急特服号码）服务，它能够定位呼叫者，为用户提供及时救援，这实际上就是位置服务的开始。此后，日本、德国、法国、瑞典、芬兰等国家纷纷推出了各具特色的商用位置服务。

在移动式 GIS 中，移动接收设备如平板电脑、手机等，屏幕尺寸较小，而导航时一切事物都处于移动中；另外，服务主要面向未接受 GIS 教育的普通大众；查询等待时间不能太长，等等。这些都对移动式 GIS 提出了特殊的要求。

1.空间信息及相关信息服务器

在移动式 GIS 中，地理空间数据服务器是关键，除了空间数据服务器外，其他信息源的数量与质量都对移动位置服务至关重要。一般而言，需要基础地理信息、行业地理信息、公共地理信息、专题地理信息及其他各种附加信息。而且，移动服务真正应用起来，除了技术上的可行性外，信息源的丰富与否也至关重要。

在移动定位中，信息的发布通过全球广域网（World Wide Web，以下简称 Web）实现，一般采用工业标准 Java、可扩展标记语言 (Extensible Markup Language，以下简称 XML) 、Java 2 平台企业版（Java 2 Platform Enterprise Edition，以下简称 J2EE）、Java 数据库连接（Java Database Connectivity，以下简称 JDBC）等。

2.移动定位技术

目前，移动定位主要有两种方式，即 GPS 定位和全球移动通信系统(Global System for Mobile Communications，以下简称 GSM)定位。

（1）GPS 定位

GPS 分测量型和导航型两种，当前 GPS 单点定位精度为 10～30m，为了提高精度，常采用网络 RTK 方式，但在城市必须建基准站，成本昂贵。精密单点定位的概念由美国喷气推进实验室的 J.F.Zumberge 于 1997 年提出，利用全球若干 IGS 跟踪站数据，计算出精密卫星轨道参数和卫星钟差，然后对单台接收机观测值进行非差定位处理，使短时间内观测精度达到分米/厘米级。

（2）全球移动通信系统定位方式

利用手机进行定位的方式有多种，如 Cell-ID，Cell-ID+TA，E-OTD 及 A-GPS 技术等。有的手机也采用 CGI+TA 定位技术（基站蜂窝扇区定位方法之一）。

其中 Cell-ID 定位技术是目前在无线网络中应用最广泛的定位技术。这种技术不需要对手机或网络做较大的改动，因此，能够在现有手机的基础上构造位置查找系统。它通过采集移动台所处的小区识别号（Cell-ID 号）来确定用户的位置。只要系统能够采集到移动台所在小区基站在地图上的地理位置，以及小区的覆盖半径，则当移动台在所处小区注册后，系统就会知道移动台处于哪一小区。这种技术的定位精度取决于所在小区的半径，如在北京市区，基站密度较高，其定位精度可达到 200m 左右；而在郊区，基站密度较低，其定位精度只能达到一两千米。这种技术实现简单，投入成本小，只需分别对现网或手机作适当的改动（改动不大），就可以实现定位功能。

（3）GPS 与全球移动通信系统两种定位方法的结合

利用 GPS 接收机定位，可以直接获得位置的经纬度坐标且精度较高，定位刷新速度快，每秒都可以获得数据；但也存在问题，如定位需 4 颗以上的卫星，GPS 天线不能被遮挡。而在城市区间及构筑物内，很难满足或根本不能满足 GPS 信号接收的基本要求，因而难以实现定位。

GSM 定位精度比 GPS 定位精度低，不能实时产生位置信息，需要 GSM 网络的支持。但采用 GSM 蜂窝小区技术，不存在遮挡或信号隔离问题，这样只要手机有信号的地方，就能进行定位。

由于 GPS 与 GSM 各有优缺点，因此产生了 GPS 与 GSM 相结合的定位方法。这又有多种实现技术，如成都华好网景科技有限公司采用的 A-GPS 定位方法，其基本思想是通过在卫星信号接收效果较好的位置上设置若干参考 GPS 接收机，并利用 GSM 把接收到的辅助 GPS 信号发给手机；同时，配有 GPS 计算晶片的手机根据 GSM 网传来的 GPS 定位数据计算手机位置。这种方法将 GPS 与 GSM 相结合，实现了一种精度高、定位快的方式——辅助 GPS 定位。A-GPS 方案可以提供最高的定位精度，定位精度在 10m 以内。另一种实现技术，如北京思特奇信息技术股份有限公司采用的 GPS 与 GSM 相结合的定位方法，是 GPS+GSM 终端正常情况下工作的 GPS 定位方式，终端内部具备监测 GPS 定位状态的处理机制，并对其进行分析、确定是否能够定位；在确认不能定位的情况下，系统会自动转入 GSM 定位方式，通过 GSM 确定终端的位置。

3.嵌入式手持设备

为了实现移动定位，首先必须有移动设备。目前，我国手机拥有量已位居世界第一，平板电脑也已在我国广泛使用。移动设备通过两种方式获取地理数据，一种为预先把地理数据放入移动设备中，类似传统的 GIS 模式；另一种是移动设备通过无线网络超文本传输协议（Hypertext Transfer Protocol，以下简称 HTTP）、传输控制协议/互联协议（Transmission Control Protocol/Internet Protocol，以下简称 TCP/IP 协议）、无线应用协议（Wireless Application Protocol，以下简称 WAP）向 WEB 服务器发出数据请求，并在移动设备上以图形、文字、多媒体等信息得到显示。

4.无线通信

目前，我国的数据通信处于 GSM 短消息方式，并正在向第 3 代 CDMA 发展。由于费用问题，GSM 短消息方式在大量的数据通信中难以实现，而采用通用分组无线业务（General Packet Radio Service，以下简称 GPRS）方式。GPRS 具有实时在线、按量计费、快捷登录、高速传输、自动切换等优点，它是介于第 2 代与第 3 代移动通信之间的一种技术，被称为 2.5G，通过升级 GSM 网络来实现。

5.移动地理信息系统中的应用服务

移动设备结合地理信息服务器、信息搜索引擎、移动定位和无线通信，可以为用户提供丰富的实时位置信息服务。

（1）个人位置信息服务

首先，利用移动设备定位用户所在的位置，根据用户所在位置查找附近某个范围内的餐馆、银行、自动取款机、大型商场、书店、医院、娱乐场所，甚至查找附近某个范围内的公共厕所，以满足用户的实时需要。

（2）车辆导航定位与跟踪

车辆导航能根据车辆的当前位置及走向和目的地，进行路线查询，获得最近的路径信息，并以地图和字符串方式呈现，并可为驾驶员提供实时监控、行车偏离最佳路线时警告提示等服务。物流配送公司、政府机关的车辆可进行移动跟踪，以提高效率；对于公交车辆，公交站台可提供电子屏幕，方便百姓等待车辆。

（3）个人安全和紧急救助

目前，我国固定电话地址与公安报警系统已实现关联，普通百姓可利用固定电话进行人身安全及紧急救助报警。移动电话也能实现部分报警功能。如果报警者过分紧张，难以描述清楚报警地点，这会给附近既无固定电话而又需要立即报警的人带来极大的不便，严重时，使人身受到突然攻击或病情突发时的报警变得难以实现，从而贻误时机。如能正在使用具有移动 GIS 功能的手机或平板电脑，用户就可以把当前位置信息传输给 110、120 等报警或救护中心，从而实现实时救助服务。

6.移动梦网位置服务业务举例

移动梦网位置服务业务，具有保护隐私权、可漫游、使用简便等优点。针对公众客户，移动梦网位置服务业务为他们提供图形化的位置服务，让客户通过互联网或灵活的客户端软件，简便地使用位置服务；同时针对行业、集团应用，为企业客户提供量身定做的定位解决方案，为客户制定符合要求的定位服务和无线传输方案；对于精度要求较高的应用，可提供 STK 与 GPS 相结合的定位解决方案，不仅精度高（最大误差不超过 10m），而且可以弥补 GPS 或其他卫星信号无法覆盖的区域。目前，北京移动提供的位置服务包括三项功能，分别是："你在哪里？"——亲友位置查询；"我在哪里"——客户位置授权；"寻找最近的"——城市信息查询。

（二）LD2000-RM 基本型移动道路测量系统

LD2000-RM 基本型移动道路测量系统主要是在机动车上装配 GPS（全球定位系统）、CCD（视频系统）、DR（航位推算系统）等先进的传感器和设备，在车辆高速行进中，快速采集道路及道路两旁地物的空间位置数据和属性数据，并同步存储在车载计算机中，经专门软件编辑处理，形成各种有用的专题数据成果。

LD2000-RM 在具体工程，如青藏线移动测量工程中得到了应用，主要为青藏铁路 GIS 提供可视化 3D 数据解决方案，包括铁路中心线建库、铁路附属设施（千米标/半千米标/信号灯……）建库、建立可视化铁路 3D 图像库。

（三）基于 GPS/PDA/GIS 技术的土地快速变更系统

更新土地详查资料，有卫星遥感、航测和直接外业调绘等多种手段。遥感数据虽然获取方便，但由于其分辨率的限制，它主要应用于区域性的土地资源的动态监测。用航摄方法得到的航片到野外调绘、室内量测处理（实际上又是一个详查过程），其完成周期较长。目前，主要依靠基层土地部门的技术人员，利用土地详查获取的 1∶10000 土地现状图及时地进行实地变更调查和统计汇总，这种"直接外业调绘"方法是当前土地利用变更调查的主要方法。这种方法野外调查工作量大、劳动强度高，耗费大量的人力、物力和财力，内业工作复杂、程序多，面积量算、统计易出错，工作周期较长，成果应用慢、成果质量检查难度大。

要改变传统的土地变更调查手段和方法，无非是要改变传统的点的定位和测量方法，记录野外调查的信息及快速、准确地处理这些信息。而 GPS、GIS 及互联网技术，为土地变更调查提供了很好的手段。

在系统的建设过程中，技术人员应考虑到用户的方便使用，设计相应的作业模式。在野外作业时，以 GIS 的方式在平板电脑上显示行政区域界线、权属界线、地类界线、权属性质等信息，实现 GPS 数据在野外的实时更新作业，并能进行相应的图形属性变更。

野外作业完成后，进入台式机的综合处理系统，进行相应的图形属性的再编辑处理，然后进行事后 GPS 差分处理；生成精确的土地利用数据库，并能进行相应的统计汇总与分析、制图、数据库管理和更新、多种数据报表的打印。如果需要，可进行相应的数据转换，可回到对应的土地利用数据库。

第三节 3S 集成与测绘学科的发展

3S 技术的发展与集成，体现了测绘学科从细分走向综合的规律。

首先，3S 技术的发展与集成体现在测绘学科内部各专业的结合。航空摄影测量与遥感早在 20 世纪 80 年代就已经形成了摄影测量与遥感的统一术语，数字摄影测量和计算机遥感图像处理在系统结合和处理方法上已日趋一致，看不出明显区别。GPS 技术、地图制图、数字摄影测量与遥感技术的结合，已经成为当今 GIS 的数据采集和即时数据更新的主要技术手段和有力的支撑。GPS 技术本来是大地测量的主要技术，现已广泛应用于工程测量、海洋测量、航空测量和卫星遥感中。

GIS 的发展依赖地理学、计算机图形图像学、统计学、测绘学等多种学科，也取决于计算机软、硬件技术和航天遥感技术的进步与发展，其本质是信息科学和信息产业的一个重要组成部分。

3S 技术的发展与相互结合，使得测绘科学与各相关学科相互融合而成为地球信息科学。但是，测绘各学科仍会保持着自身发展和研究的特点，而且也会因受到的挑战和带来的机遇，促进自身的发展。

第六章　测绘技术在土地资源利用与规划中的应用

第一节　测绘技术在土地资源开发管理中的应用

一、土地测绘和土地开发管理的概况

（一）土地测绘的概念

土地测绘是指利用各种工具、仪器以及技术，调查、测定土地及其附属物的基本状况，为土地统计与土地登记提供数据信息的一项工作。土地测绘过程中所使用的现代科学技术都属于土地测绘技术。土地测绘技术在土地资源利用状况调查、城镇地籍调查、城市土地资源动态监测等方面有着广泛的应用。土地测绘不仅为土地测绘管理人员提供了准确的土地测量数据，还为土地开发管理工作的顺利进行提供了重要保障。因此，做好土地测绘工作，能够推动城市建设的高质量发展。

（二）土地开发管理的概念

土地开发管理是指相关部门在城市规划建设管理过程中，对土地资源进行深入挖掘和充分利用。在实际工作中，相关部门需要根据土地开发总体规划以及土地综合利用情况来确定土地开发目标与用途，同时，应用各种方法深入了解土地利用现状。只有在了解这些情况后，相关部门才能科学合理地开发、利

用土地，实现土地综合治理目标，不断提高土地综合利用率，改善人们的居住环境，为人们的生活提供便利，这是土地开发管理工作的最终目标。实际上，土地开发管理工作既是一项系统性的管理工作，也是一项大型的工程项目，它在保护耕地方面有着重要作用。我国人口基数庞大，人均耕地面积相对较少，而且还有进一步减少的趋势。在这种情况下，为了保证耕地资源总量始终处于一个动态平衡的状态，让土地资源得到更加合理和充分的利用，相关部门需要对土地资源进行开发管理。另外，实施土地开发管理工作，可以对城市工程建设占用的耕地进行补偿，使土地资源得到持续合理的利用，促进我国社会经济的可持续发展。因此，相关部门要不断提高土地资源的综合利用率，解决土地供不应求的矛盾，对现有土地资源进行合理规划、开发，真正实现对我国土地资源的高效利用。

二、土地测绘和土地开发管理之间的关系

土地开发管理是土地资源开发利用的一个关键点，土地测绘为土地开发管理提供了必需的数据支持。因此，做好土地测绘工作，能够保证土地开发管理工作的顺利开展。土地测绘和土地资源开发管理两者之间的关系主要表现在两个方面：一是土地测绘数据为土地开发管理奠定了基础。例如，在土地开发管理过程中，在选址前，相关部门需要对土地资源的具体情况进行研究和分析，为实现土地开发管理目标奠定基础。二是土地测绘为土地开发管理提供数据支持。也就是说，在土地资源的开发管理过程中，为了实现土地的高效开发利用，相关部门需要做好土地测绘工作。

土地测绘是土地开发管理工作顺利开展的坚实后盾，土地开发管理贯穿土地开发项目的全过程。从前期的项目规划、报批，到规划编制、工程勘测，再到土地开发利用，整个过程始终离不开土地测绘。土地测绘为土地开发管理工作提供了可靠、准确、翔实的数据支撑，说明了土地测绘和土地开发管理两者之间是相辅相成、缺一不可的关系。将两者结合，能为城市建设和经济发展提

供有力的保障。

三、土地测绘在土地资源开发管理中的实践应用

（一）土地资源开发管理前期土地测绘技术的应用

土地资源开发管理工作初期，涉及的内容较多，该时期工作较为重要，直接影响土地资源开发管理的工作效果。该过程中，工作人员需要明确工程施工地址，完成场址选址后，对该区域地理、生态和气候环境等具备明确认知，并收集相关信息和资料。因土地资源开发管理前期，任务量大，在该过程中，应用土地测绘技术，能够减少不必要的人员及物质消耗，提高土地资源开发管理工作质量及效率。因此，在土地资源开发管理工作中，该技术不可或缺。

（二）农村集体土地开发管理中土地测绘技术的应用

农村集体土地开发管理工作，任务量大、实施难度大。因农村集体土地缺乏法律效力，相关地籍资料不足，很容易产生土地纠纷。将土地测绘应用到农村集体土地开发管理中，能够使测量数据更具法律效力。在土地具体使用过程中，资产在归属权上也会发生变化。应用土地测绘技术，能够对土地资源信息进行准确掌握，并用正射影像技术对其实施准确定位，使其勘测过程和土地位置划定更加科学、合理。土地开发管理部门在测绘技术应用过程中，对影像技术和数字正摄影像技术等进行同步应用，对违规占地行为具备清晰的认知和了解，明确掌握土地占地状况，并告知监督部门对土地非法占用情况进行从严处理，以提升土地规划工作过程中的科学性和合理性。

（三）资源监测和调查中土地测绘技术的应用

我国国土辽阔，土地资源优势明显。由于国土资源调查和测试专业性强、难度大，在集体土地管理中，需要考量的相关内容和指标有集体土地等级及征集、管辖范围内的土地开发工作。为了满足上述要求，在土地测绘工作中，强

调技术分辨能力，为各类数据收集提供便利。当前，我国信息技术处于高速发展阶段，遥感技术也被用于土地测绘中，很多高分辨技术的使用，将土地测绘在国土资源调查及管理中的效用发挥到最大。与此同时，相关人员需要筛查土地，提升该技术的应用价值，使土地资源开发及管理工作顺利进行，实现工作效率的提升。

（四）土地资源开发监管中土地测绘的应用

相关部门要应用正确的方式，对土地资源实施监管。法律手段的运用，也能对违法占地情况进行有效约束。如果仅通过地面实施土地监控，很容易出现遗漏。为使土地资源监控更具全面性，土地测绘技术的应用必不可少。具体实施方法是，采用卫星影像对违法占地面积和地点等进行准确记录，得出详细信息后，用于后期土地资源的开发管理。土地测绘因其技术优势，在土地资源开发管理中极具适用性，有助于实现土地监管工作目标，将其效用发挥到最大。

（五）土地资源开发管理信息系统建设中土地测绘的应用

土地资源开发管理信息系统涉及土地管理、使用、耕地等诸多系统类目。该系统中包含很多土地信息。早些年，在土地资源开发管理系统中，数据的获取多以仪器测量为主。测量工作的实施中，很容易受环境或记录过程的影响，使测量数据出现偏差，导致土地资源应用及分配缺乏合理性。科学技术的快速发展，使土地资源开发管理工作开始应用测绘技术。测绘技术主要借助先进的科学设备，使数据采集过程更加可靠，而土地资源开发管理信息系统中的相关信息也更具实用性。因此，土地测绘技术的应用，对土地资源开发管理工作极为有利，使其更加简便。

（六）土地规划审批中测绘技术的应用

土地开发管理部门执行土地规划审批工作时，需要进行土地测绘。通过对比土地规划图，相关部门可有效调整土地利用方案，使其开发和利用过程更加科学、合理。土地测绘能够对土地规划工作进行有效判定，极具实施价值。开展该项工作，能够对土地综合应用情况进行全面了解；依据实际状况，对土地规划方案进行科学调整，使其应用过程更具有综合性，并保障土地环境的可持续性。构建土地开发管理信息系统，并在具体实施中进行应用，有助于土地资料库数据和地籍管理数据及时更新。而全球定位系统，为土地开发管理提供可靠信息，使土地采集工作更加精确，土地监督管理工作也得以顺利执行，并增加了登记和评价功能，使数据支撑更加有力。

综上所述，在土地资源开发管理工作中，应用土地测绘技术极为有效。社会及经济的快速发展，使土地供求矛盾日趋复杂和严重。相关人员要对土地测绘与土地资源开发管理工作具备清晰的认知，明确二者之间的联系，了解信息化测绘特征，实施土地测绘技术更新；依据具体测绘标准，在土地资源开发管理工作中严格执行土地测绘工作，使土地资源得到合理应用，减少不必要的土地浪费，实现预期工程目标。

第二节　分析测绘技术在土地规划管理中的应用

一、土地规划管理中的测绘技术应用的表现

（一）土地调查

土地规划管理以土地资源全面掌控为前提条件，然而，土地调查的任务量较多，调查阶段存在种种阻力。在新时代下，灵活运用测绘技术了解土地情况，既能保证土地资源的完整性和真实性，又能为土地资源分配和使用提供依据。3S 技术可以获取土地信息数据，在数据库中分类存储，为土地规划与管理提

供信息支持和数据参考。测绘技术的联合使用，能够提高土地调查效率，使土地工作的权威性得以维护。测绘技术持续更新，相关软件不断升级，意味着土地调查工作中的已有问题借助测绘技术得以明确；同时，数据信息可被及时获取，充分利用。

（二）规划设计

基于信息收集与分析，科学设计土地规划，测绘技术可以为土地资源的使用提供正确指导。遥感技术、地理信息技术为土地信息的实时获取提供了可靠的技术支持，实现了文字信息向图像的有效转换，以便直观地显示土地情况。土地规划设计期间，相关人员应构建空间信息模型及数据库，满足数据信息综合处理与分析的需要。一般来说，土地规划设计会涉及土地位置、土地利用状态、权属情况等信息。

（三）土地管理

土地管理以土地规划设计为前提，相关人员应在实际管理中加强监管，保证土地信息数据的真实性和全面性，制定能使土地资源效用最大化的土地决策。测绘技术创新式应用，能够实现主动监测管理；同时，相关数据信息也能够及时向使用单位传递。其中，遥感技术在获取区域内的土地信息时，可与GPS联用，具体掌握土地信息，为土地管理决策的制定提供参考。随着土地利用情况的改变，相关资料也要随之更新，而测绘技术在资料更新、资料核查中起到了关键性作用，真正加快了土地现代化管理的步伐。

（四）土地执法

测绘技术用于土地执法，通过发挥测绘技术的分析功能来监测土地利用行为。如果发现违规现象，测绘技术会发出提示，提醒工作人员依法核查、审理，避免土地资源低效利用。如今，土地执法活动在新测绘技术辅助下，正逐渐向信息化、数字化演进。土地巡查工作自动开展，使得土地违规开发、违法使用等行为能够被及时制止，并严肃惩处，推动了我国土地工作的顺利开展。

二、土地规划管理中的测绘技术应用的建议

土地科学规划管理的重要性不言而喻，当测绘技术应用于土地工作时，一定要注意相关事项，充分发挥测绘技术的全面优势，取得土地规划管理的良好效果。

首先，测绘技术应适当投入。不同区域的经济水平存在高低之差，加之土地规划管理要求各异，投用测绘技术时，既要考虑经济成本，又要分析各类测绘技术功能，实现技术需求与技术供应的一致性，使测绘技术应用价值最大化。

其次，培训测绘技术人员。新时代下，测绘技术动态更新，并且土地政策也处于变化态势，对于技术操作人员来说，应强化技术操控能力，使其在土地规划管理中发挥重要作用，推动土地工作的顺利进行。

最后，实现精益化管理。土地资源管理活动较为复杂，无论是前期规划，还是管理实践，都需要工作人员分析测绘技术使用的最佳契机，实现土地数据信息的深入分析，为土地规划与管理提供正确指导，保证土地决策的合理性和有效性。对于从业人员来说，应渗透精益化理念，使测绘技术在土地规划管理中被精益化运用，这既能为土地工作的稳步开展提供支持，又能逐渐提高测绘技术的使用水平。

三、土地规划管理中的测绘技术应用的趋势

（一）集成化

测绘技术集成发展趋势日益显著，单一的测绘技术整合了丰富的技术功能，并为技术协调提供技术支撑。新时期下，3S 技术是多种技术的集合体，这项技术经优势互补之后彰显出技术优势，能够更好地为土地工作提供服务。

随着土地规划管理要求的变化，测绘技术集成发展是必然趋势，为土地决策的有效制定提供综合化、集成化的测绘技术支持。

（二）数字信息化

如今，微型测绘技术已经问世，这类技术凭借高精度、高效率等优势辅助土地资源优配活动。其中，数据分析过程的直观、可视化，使得土地工作向规范化推进。测绘技术向数字化、信息化发展，并在一定程度上能够提高土地规划的管理价值，为今后土地工作的良好发展奠定基础。高新技术时代到来后，测绘技术数字化、信息化特征日益显著，推动着我国土地规划管理实践迈向新的台阶。

（三）智能化

随着信息技术的动态发展，土地规划管理要求逐渐提高，并且土地工作向精细化推进，无形中增加了工作人员在土地规划管理中的阻力。信息时代到来后，测绘技术向智能化发展，意味着工作人员只要简单操作按钮、滑动界面，系统就能在指令信息的引导下自动运行，并显示真实、全面的数据信息，使土地决策准确制定、有效实施。为了使测绘技术生命力延续，大大提高测绘技术在土地规划、土地管理中的应用效率，相关部门应立足国内土地资源配置现状，大力培养创新型人才，并引进最新的技术，开发新型软件，为土地规划管理提供技术层面的支持。

综上所述，土地规划管理工作正如火如荼地开展，从业人员在实际工作中引入测绘技术，弥补了传统土地规划与管理方法的不足，提高了土地工作的有效性。从业人员掌握测绘技术应用要点，并提出测绘技术合理应用的建设性意见，这样既能深化我国土地改革，又能充分彰显测绘技术的应用价值。

第三节 3S 技术在乡村振兴土地资源规划中的应用

一、3S 在乡村土地资源规划中的应用现状及特点

（一）在土地资源规划中的应用现状

自然资源部党组会议精神明确指出，要运用部门职责和行业资源做好扶贫工作，务必做到扶贫项目优先安排、扶贫措施优先落实等。为了顺利推进扶贫工作，必须对土地资源行之有效地规划与利用。传统的土地资源规划方式是采取传统测量手段进行测绘，测绘人员需要进行实地测量，才能绘制出相应的规划图，同时，以文档形式对测绘数据进行存储。不仅工作任务量大、工作效率低、规划图精度低，而且在实际测量的过程中还极易产生数据偏差，浪费大量的人力和物力。如今面对大区域土地资源规划，传统测量技术很难高效、快速地将区域规划呈递给相关部门，难以满足社会的快速发展需要。

（二）3S 技术在土地资源规划中的应用特点

航空摄影测量、空间大地测量的应用，拓宽了土地资源规划的广度，解除了传统测量受到地域、地形及地貌等因素的限制。因此，利用 3S 技术能够快速、便捷地解决区域自然规划的问题，节省了大量的人力和物力。首先，3S集成技术为资源规划提供了动态监测方法，采用 GPS 能实时有效地快速获取空间位置信息，从而得到土地资源规划现状的相关数据；其次，借助 RS 技术能快速获取乡村土地的地理数据，搜寻乡村土地资源规划的信息；最后，强大的 GIS 能够有效管理乡村土地资源规划数据，及时更新乡村土地资源规划动态数据，输出乡村土地资源规划成果。

一般来说，行业中的 RS 技术按照遥感器使用的平台可分为航天遥感技术、

航空遥感技术、地面遥感技术。作为航空遥感技术的无人机摄影测量技术，其日常运用最为广泛，它能够将区域的地形、地貌等特征通过数字高程模型呈现出来，同时利用正射影像和模型数据快速地生成规划图。另外 GIS 还能对前期摄影得到的测量数据、空间大地测量数据等进行分析与编辑，并将现阶段的数据进行存储。这样既能使规划部门清楚地了解现阶段资源规划发展的动态过程，也便于相关部门的查询和管理，从而更加高效地针对区域自然规划进行管理和分析。

由于我国地形复杂，国土资源分布不均匀，所以各地政府需要充分挖掘本区域的优势和特点，最大限度地发挥区域特色，才能使区域经济平衡发展。通过分析我国资源利用情况可以发现，国土资源规划存在不足。因此，在未来的发展中，相关人员需要转变思路，利用新技术、新手段，补充短板，促进国土资源规划管理模式的转型，为资源规划管理提供一定的理论基础。

当前，政府部门应深入研究分析各区域的发展趋势，通过资源规划部门之间的合作和交流，借助 3S 技术绘制区域未来的规划图。因此，规划部门借助 GIS 强大的功能，对获取的数据进行编辑、存储和管理，根据不同部门的需求对数据进行空间查询和空间分析，满足用户的需求，再将分析结果反馈给相关部门，即可清晰地发现区域规划的变化，进而对未来几年区域的变化情况进行预测，便于政府统筹安排、精准施策，促进区域的乡村振兴和快速发展。

综上所述，未来如果能科学、合理地制定资源规划政策，推进 3S 技术在乡村土地资源规划中的应用，不但能提高土地资源规划部门的工作效率，也能促进乡村振兴战略的实施。并且，随着现代社会信息技术的发展，智能化、数字化将会成为未来的发展趋势。因此，依托乡村土地资源现状，深入研究、分析 3S 技术，能够服务农业农村，更好地解决"三农"问题。

二、3S 技术在土地资源规划中的应用——以广东省英德市为例

（一）开发、整理潜力分析

1.耕地整理潜力

耕地整理潜力是指通过综合整治耕地及其间的道路、林网、沟渠、坟地、零星未利用地等地类，提高耕地质量，增加有效耕地面积。

英德市地处粤中北山地区，受自然条件限制，耕地地块小且分散，沟渠、田坎、农村道路、零星未利用地等地类占地面积较大，农田基础设施不够完善，土地利用方式粗放，土地利用率和产出率都有待提高。合理规划、整治道路沟渠、平整归并零散地块、改造中低产田等措施，可以大幅度增加耕地有效面积，提高耕地生产能力。因此，耕地整理具有一定潜力。

（1）耕地整理潜力测算方法

从目前的土地整理实践来看，耕地整理净增加耕地面积的来源主要由待整理耕地区内的田坎、农村道路、沟渠、坑塘、滩涂、零星未利用地等地类所组成。通过测算上述地类在待整理耕地区内的面积，及其通过整理所能增加的耕地面积占区域待整理耕地面积的比例，最后相加便可获取耕地整理潜力系数。其计算公式可表达为：

$$D = D_{未} + D_{坎} + D_{路} + D_{沟} + D_{坑} + D_{滩}$$

式中，D 为耕地整理潜力系数，$D_{未}$、$D_{坎}$、$D_{路}$、$D_{沟}$、$D_{坑}$、$D_{滩}$ 分别为待整理耕地区零星未利用地（以下简称零星地）、田坎、农村道路、沟渠、坑塘、滩涂。可以通过整理所增加耕地面积占区域可整理耕地面积的比例（也称分项整理潜力系数），对耕地整理潜力进行测算。

①待整理耕地区内未利用地、滩涂、坑塘整理净增加耕地潜力系数的计算公式可表达为：

$D_i=(M_i×B_1)/M$

式中，D_i 为待整理耕地区零星地（或坑塘、滩涂）整理净增加耕地潜力系数；M_i 为区域未利用土地、坑塘和滩涂的面积；M 为区域可整理耕地面积；B_1 为零星地（或坑塘、滩涂）分布在耕地分布区的比例。

②田坎、农村道路和沟渠土地整理系数的计算公式可表达为：

$D_I=D_{现状i}-D_{标准i}$—

式中，D_I 为区域 I 地类通过整理增加耕地的潜力系数；$D_{现状i}$ 为区域 i 地类现状系数（%）；$D_{标准i}$ 为区域 i 地类的标准系数（%）。

2.测算过程

英德市待整理耕地面积以各行政单元内现状耕地面积减去大于 25°的坡耕地面积（含梯田）来近似表达。坡度 25°以上的坡耕地属退耕还林区，梯田整理潜力小，且整理时易造成生态环境破坏，因此均不纳入待整理耕地范围。

以镇为基本单元，在全市范围内选取典型样区，按照上述方法，测算耕地整理潜力系数。根据英德市以往土地整理项目的实施情况，并参考广东省耕地整理系数的平均水平 3.4%～4.4%，对测算结果进行修正，确定英德市耕地整理潜力系数为 4%。通过待整理耕地面积与耕地整理潜力系数，计算各单元新增耕地面积，并汇总得出全市的耕地整理潜力。

3.耕地整理潜力分级

根据新增耕地面积，采用数轴法，将英德市 23 个镇、1 个街道的农村居民点整理潜力划分为三个等级，新增耕地面积大于 200 公顷的为 I 级潜力区，50～200 公顷的为 II 级潜力区，小于 50 公顷的为III级潜力区。

根据英德市土地利用现状数据，全市耕地总面积 92436.53 公顷，待整理耕地 62494.65 公顷，占耕地总面积的 67.61%。待整理耕地主要分布在英西盆地的浛洸、大湾、石牯塘、石灰铺等镇，英东盆地的东华镇和桥头镇，以及英中地区的英红镇和望埠镇。根据英德市典型样区调查和以往土地整理项目的实施情况分析，确定英德市耕地整理潜力系数为 4%。据此推算可得，通过对耕地分布区内的田坎、道路、沟渠、零星未利用地等进行整理，英德市可增加有效耕地面积 2499.79 公顷。各乡镇耕地整理潜力分级如下：

Ⅰ级潜力区为东华镇和浛洸镇，新增耕地潜力分别在 200 公顷以上。东华镇和浛洸镇分别位于英东盆地的翁江流域和英西盆地的连江流域，自然条件良好。东华镇耕地资源丰富，耕地面积居英德之首；浛洸镇地势平坦，耕地坡度基本在 25°以下，坡耕地比例较低。二者均具有较好的整理基础，耕地整理潜力较大。

Ⅱ级潜力区为英城街道，以及大站镇、英红镇、桥头镇、望埠镇、九龙镇、沙口镇、大湾镇、横石塘镇、白沙镇、石灰铺镇、青塘镇、西牛镇、石牯塘镇和横石水镇 14 个镇，新增耕地潜力都在 50～200 公顷。以上各镇多分布在英中、英东、英西盆地及周边地区，自然条件较好，由于盆地地区也是建设用地的主要分布区，耕地资源相对较少，盆地周边地区坡耕地比例略高，耕地整理潜力稍逊于东华、浛洸两镇。

Ⅲ级潜力区为波罗镇、大洞镇、黄花镇、黎溪镇、连江口镇、水边镇和下汰镇 7 个镇，各镇新增耕地潜力均在 50 公顷以下。以上各镇多分布于英德市北部和南部的丘陵山地地区，耕地资源较少，分布零散，且坡耕地比例较大，耕地整理潜力较低。实施耕地整理，通过平整土地，减少田坎系数，挖潜耕地分布区内的零星地块，完善水利配套基础设施，可以增加耕地有效面积，改善农业生产条件，提高耕地利用率和生产能力，促进农业规模化经营。然而，就补充耕地而言，由于英德市地处丘陵地区，耕地整理出地率较低，见效缓慢，投入成本相对较高，因此整理前景一般。

2.基于 GIS 的园地山坡地整理潜力

利用园地、山坡地整理补充耕地是广东省建设节约集约用地示范省，破解土地瓶颈制约，增强土地资源保证的新途径。英德市园地、山坡地资源丰富，占全市土地总面积的 70%左右。利用条件好、开发难度低、投资少的低产园地、山坡地开发整理补充耕地，是弥补英德市耕地后备资源不足的重要途径。充分利用其中土壤较好、具备有效灌溉和农作物种植条件、开发难度较低、投资成本较少的园地、山坡地，进行开发整理补充耕地，具有较大的潜力，是英德市重要的耕地后备资源。利用园地山坡地整理补充耕地，需特别注意对生态环境的保护，同时兼顾社会效益与经济效益，因此，在整理前需要进行严格的适宜性评价和可行性论证。

（二）划定待整理区

英德市地貌为中低山地围绕的构造盆地地貌，地势由北向南倾斜。南北部各有一弧形山地，并有一列南北走向的山地，把中部与东、西部隔开。由于南北部以山地为主，海拔高，交通不便；西部以石灰岩峰林为主，山石裸露多，土层薄，土壤少，开垦难度大且不易耕作，据此，根据英德市地形地貌特征、现有社会经济发展水平和技术条件，划定以英中、英西、英东三大盆地为主的盆地及周边地区的园地、山坡地为待整理区域。

（三）园地、山坡地整理潜力分级

根据新增耕地面积，采用数轴法，将英德市 23 个镇、1 个街道的园地山坡地整理潜力划分为三个等级，新增耕地面积大于 900 公顷的为Ⅰ级潜力区，小于 900 公顷的为Ⅱ级潜力区，新增耕地面积为 0 的为Ⅲ级潜力区。

英德市现有园地、山坡地 6690.02 公顷和 390271.12 公顷，分别占全市土地总面积的 1.19% 和 69.27%。2020 年，英德市可整理补充耕地的园地、山坡地面积为 12553.37 公顷，按照 80% 的垦殖率计算，可增加耕地面积 10042.70 公顷。各乡镇园地、山坡地整理潜力分级如下：

Ⅰ级潜力区为东华镇、桥头镇、石灰铺镇、青塘镇、石牯塘镇 5 个镇，新增耕地潜力都在 900 公顷以上。上述各镇位于英西、英东盆地地区，地势、坡度、土壤、水分等自然条件均较适宜，与耕地集中连片，交通相对便利，整理潜力丰富。

Ⅱ级潜力区为英红镇、望埠镇、九龙镇、沙口镇、大湾镇、浛洸镇、横石塘镇、西牛镇、黄花镇、白沙镇、横石水镇 11 个镇，新增耕地潜力均小于 900 公顷。以上各镇多位于英中盆地以及西部的一些山间小盆地。英中盆地园地、山坡地资源相对较少，且多为优质园林地，因此，潜力相对有限。大湾、九龙、黄花等镇地处英德西部石灰岩盆地地区，地貌、土壤等自然条件相对较差，交通、水利等基础设施一般，整理潜力相对较小。

Ⅲ级潜力区为连江口镇、水边镇、大站镇、下太镇、黎溪镇、波罗镇、大洞镇7个镇和英城街道。英城街道园地、山坡地资源有限，且多为经济效益较好的优质园林地；其他各镇位于英德北部和南部的中低山区，园地、山坡地资源虽然丰富，但地势起伏、交通不便，开发难度较大，并且距离农村居民点较远，不易耕作。因此，在当前的社会经济发展水平和技术条件下，可认为不具有整理潜力。

利用园地、山坡地补充耕地，后备资源相当丰富，并有相应的专项制度作为支撑，整理前景十分可观，待开发整理园地山坡地、未利用地资源也相当可观。通过改造低效利用的园地、山坡地，充分利用土地资源，可有效补充耕地，提高土地利用效率，促进农业生产，安置当地劳动力以及改善农民的生活水平。但同时，园地、山坡地改造补充耕地，由于土地利用向集约利用方式转变，若不注意防护，其涵养水源、保持水土等生态功能将可能减弱，生态效益下降。因此，在整理过程中，需严格保护生态环境的脆弱性，避免造成破坏植被、水土流失和土地沙化。

1.农村居民点用地整理潜力

农村居民点整理潜力是指在现有的社会经济条件下，通过对农村居民点改造、迁村并点等可增加的耕地及其他农用地面积。英德市农村总人口87.21万人，农村居民点用地14184.24公顷，人均占地162.7平方米，高于国家规定的120~150平方米，尤其是桥头镇、横石水镇、青塘镇、白沙镇、大站镇、英红镇和东华镇7个镇，人均农村居民点用地超过200平方米，英红镇甚至高达285.63平方米。市内农村居民点现状布局零散、人均用地超标、"空心村"多，内部结构不合理，各镇农村居民点用地状况差异较大，难以适应社会主义新农村建设的需要，具有较大整理潜力。对现有农村居民点逐步实施迁村并点、建设"中心村"、退宅还田、整理农村闲散地等整理措施，可大大增加耕地的有效面积。

（1）规划年各镇人均农村居民点用地标准的确定

英德市人均农村居民点用地最小的九龙镇仅 84.46m²，最高的英红镇达 285.63m²，全市各镇人均农村居民点用地差异较大，在确定规划年人均农村居民点用地时，不能一刀切，将全市统一在一个标准内，而应区别对待。

（2）农村居民点整理潜力

2020 年，英德市农村人口 813854 人，城市化水平达 42%，农村居民点用地面积 11401.20 公顷，农村居民点整理潜力为 2783.03 公顷。考虑到农村居民点整理难度大、费用高，在规划期内将英德市农村居民点整理为耕地的系数定为 50%，农村居民点整理可增加耕地面积为 1391.52 公顷。

（3）农村居民点潜力分级

根据新增耕地面积，采用数轴法，将英德市 23 个镇、1 个街道的农村居民点整理潜力划分为三个等级，新增耕地面积大于 100 公顷的为Ⅰ级潜力区，30～100 公顷的为Ⅱ级潜力区，小于 30 公顷的为Ⅲ级潜力区。各乡镇农村居民点整理潜力分级如下：

Ⅰ级潜力区为东华镇、桥头镇、英红镇、白沙镇，新增耕地潜力都在 100 公顷以上。英红镇位于英中盆地北江流域，东华、桥头、白沙镇位于英东盆地翁江流域，自然条件均良好，地势平坦，交通便利，农村居民点用地规模较大，人均用地严重超标，具有较大的整理潜力。

Ⅱ级潜力区为石牯塘镇、浛洸镇、西牛镇、石灰铺镇、横石水镇、青塘镇、望埠镇、大站镇、沙口镇、大湾镇 10 个镇，新增耕地潜力均在 30～100 公顷。以上各镇多分布在英西盆地，以及英中盆地的周边地区，农村居民点规模较大，布局相对比较分散，人均用地在国家规定标准的上限左右，具有一定的整理潜力。

Ⅲ级潜力区为英城街道，以及九龙镇、波罗镇、水边镇、黄花镇、大洞镇、下太镇、黎溪镇、连江口镇、横石塘镇 9 个镇，新增耕地潜力都在 30 公顷以下。英城街道位于英中盆地的中心位置，是市政府所在地，地理条件优越，农村居民点规模相对较小，且布局比较规整，整理潜力较小。九龙、波罗、水边等镇地处英德市北部和南部的中低山区，农村居民点规模小且布局零散，整理难度大，潜力十分有限。

实施农村居民点整理，通过空心村整治、迁村并点、宅基地调整及基础设施配套建设，可以充分挖掘补充耕地的潜力空间，并能有效改善农民的生活环境，促进英德市社会主义新农村建设。但是，现阶段在英德市进行农村居民点整理仍存在很大问题。例如，由于保留祖宅风水等传统思想牢固，群众意愿较低；丘陵地区交通、地形等条件的限制增加了农村居民点的整理难度；实施农村居民点整理需要较高的技术水平和雄厚的资金支持。基于以上原因，目前进行村庄搬迁合并难度较大，相当一部分潜力暂不适宜开发。

（四）基于 GIS 的未利用地开发潜力

土地开发潜力是指在目前的经济、技术、生态环境条件的约束下，各类未利用地适宜开发利用为耕地及其他各类用地的面积。本规划中，土地开发潜力主要指未利用地开发利用为耕地的面积。英德市未利用地占全市土地总面积的 5.65%，其中以荒草地和河流水面为主，可开发的未利用地主要为荒草地和滩涂，耕地后备资源较少。受地形地貌、交通水利条件等因素的影响，真正可供开发为耕地的后备资源量更少。因此，进行耕地适宜性评价是确定待开发未利用地面积和测算未利用地开发潜力的首要任务。

1.适宜性评价

未利用地宜耕评价的方法和过程与园地、山坡地整理类似。首先，建立耕地适宜性评价指标体系；其次，利用 MAPGIS 进行图层信息采集，建立 GIS 系统管理下的各图层（评价因素）空间属性信息数据库；再次，利用 GIS 叠加分析功能，确定土地适宜性评价的最小评价单元；最后，在确定评价单元的适宜等级时，采用多因子加权求和法。

（1）建立评价指标体系

因土地利用方向一致，未利用地宜耕评价指标体系仍沿用园地、山坡地的宜耕评价指标体系（见表 6-1）。在此基础上，对各评价因子进行等级赋分，按 0～100 分封闭区间赋分，因素指标与作用分值的关系按正相关设置，因素条件越好，作用分值越高；共划分 4 个作用区间，并编制作用分值表；采用特尔菲法，结合当地农业经验，根据评价因子在土地适宜性评价中的重要程度，确定各评价因子的权重。

表 6-1 英德市耕地适宜性评价指标及等级

评价因子		S_1	S_2	S_3	N
坡度 0.3	区间	<6°	6°～15°	15°～25°	>25°
	分值	100 分	80 分	60 分	0 分
土壤质地 0.3	区间	轻、中壤	砂壤、重壤	砂土、黏土	流沙、砾石
	分值	100 分	80 分	60 分	0 分
水源条件 0.2	区间	<500m	500～2000m	2000～3500m	>3500m
	分值	100 分	80 分	60 分	0 分
交通条件 0.2	区间	<500m	500～1500m	1500～3000m	>3000m
	分值	100 分	80 分	60 分	0 分

（注：水源条件为评价单元距离河流、水库等水域的距离；交通条件为评价单元距离主要交通干线的距离）

（2）适宜等级评价

评价因子图层数据库的建立以及基本评价单元的确定过程，同园地、山坡地宜耕评价一致。采用多因子加权求和法评定适宜等级，是将评价单元各评价因子的分值加权求和，生成新的总分值，再根据总分值大小，确定各等级阈值，划分适宜等级。由于英德市未利用地后备资源十分有限，从节约、集约用地的角度考虑，本规划期内仅将高度宜耕的未利用地资源纳入开发潜力测算，即评价总分值大于 80 的地块为宜耕的待开发未利用地。

2.评价结果修正

结合英德市社会经济发展条件，根据经验判断和实地调查等，对上述适宜性评价结果进行修正。已规划为工业园区或旅游用地的未利用地，距离居民点过远、耕作不便的地块，规模小、难开发、投资大的河滩地，以及一些零星破碎、连片程度很低的未利用地都应予以剔除，不纳入潜力测算。

根据英德市历年未利用地开发补充耕地的经验水平，并与当地有经验的人员进行协商，确定本次规划未利用地开发补充耕地系数为60%。在上述适宜性评价及结果修正的基础上，可计算各行政单元未利用地开发补充耕地潜力值。

3.未利用地开发潜力分级

根据新增耕地面积，采用数轴法，将英德市23个镇、1个街道的未利用地开发潜力划分为三个等级，新增耕地面积大于120公顷的为Ⅰ级潜力区，40～120公顷的为Ⅱ级潜力区，小于40公顷的为Ⅲ级潜力区。各乡镇未利用地开发潜力分级如下：

Ⅰ级潜力区为东华镇、白沙镇、石牯塘镇，新增耕地潜力都在120公顷以上。东华、白沙、石牯塘分别位于英东、英西盆地中心地区，未利用地资源自然条件良好，土壤、水分、坡度均较适宜，交通便利，经济投资效能强，故开发潜力较大。

Ⅱ级潜力区为英红镇、望埠镇、沙口镇、石灰铺镇、浛洸镇、桥头镇、横石水镇7个镇，新增耕地潜力在40～120公顷。以上各镇多分布于英中盆地以及西部和东部的低丘台地，自然、交通等条件较好，未利用地资源相对较少且多分布于地势较高地区，因此，开发潜力相对较小。

Ⅲ级潜力区为大站镇、横石塘镇、西牛镇、大湾镇、九龙镇、大洞镇、波罗镇、黎溪镇、下太镇、青塘镇、黄花镇、水边镇、连江口镇13个镇以及英城街道，新增耕地潜力在40公顷以下。除了英城街道外，以上各镇基本分布在环绕英德市周围的山地地区，可开发的未利用地资源很少。未利用地资源稍丰富的横石塘镇、大湾镇和波罗镇，其可开发未利用地多分布在地势较高的山地上，开发难度大，且不易耕作，潜力较低。

总体而言，英德市未利用地后备资源较少，多分布在丘陵和低丘坡麓的中上部，虽气候条件优越、水热资源充足，但受地形、交通和水利工程设施等因素的影响，真正可开发的后备资源量较少。因此，在开发过程中，应十分珍惜和合理利用每一寸未利用地后备资源。经过对土地开发整理潜力的调查与评价测算，规划期内，全市土地开发整理增加耕地潜力为 15158.06 公顷。其中，耕地整理增加耕地潜力为 2499.79 公顷，园地山坡地整理增加耕地潜力为 10033.60 公顷，农村居民点整理增加耕地潜力为 1391.52 公顷，土地开发增加耕地潜力为 1233.09 公顷。

根据新增耕地潜力大小，将各乡镇划分为四个潜力级别：Ⅰ级潜力区为东华镇、桥头镇、石牯塘镇和石灰铺镇 4 个镇，各镇新增耕地潜力分别在 1200公顷以上；Ⅱ级潜力区为青塘镇、白沙镇、浛洸镇、横石水镇和英红镇 5 个镇，各镇新增耕地潜力在 500～1200 公顷；Ⅲ级潜力区包括西牛镇、沙口镇、望埠镇、横石塘镇、大湾镇、九龙镇、大站镇、黄花镇 8 个镇和英城街道办事处，新增耕地潜力均在 100～500 公顷；Ⅳ级潜力区包括波罗镇、连江口镇、黎溪镇、下汰镇、水边镇和大洞镇 6 个镇，各镇新增耕地潜力均在 100 公顷以下。

（三）土地开发整理规划编制方案

1.总体安排

根据规划期内土地开发整理总体目标和近远期安排，以及全市土地开发整理潜力结构，对英德市土地开发整理进行总体安排。

规划期内，全市待开发整理土地总面积 14608.53 公顷，增加耕地面积11275.79 公顷。具体如下：

（1）园地、山坡地整理

在加强保护和改善生态环境的基础上，充分利用土壤较好，具备有效灌溉和农作物种植条件，低效利用的园地、山坡地，进行开发整理补充耕地，提高土地利用率和产出率，为深化英德市农业结构调整和农民增收，推进农村现代化发展创造条件。2020 年，整理园地、山坡地面积 12553.37 公顷，增加耕地面积 10042.70 公顷。

（2）未利用地开发。在保护和改善生态环境的前提下，适度开发未利用地后备资源。2020 年，开发未利用地面积 2055.15 公顷，增加耕地面积 1233.09 公顷。

（2）目标分解

依据英德市各镇耕地后备资源状况，开发整理难易程度，以及社会经济发展条件等，在充分协商的基础上，将土地开发整理补充耕地指标进行分解，规划任务落实到各镇。

2020 年，全市待开发整理土地总面积 14608.53 公顷，增加耕地面积 11275.79 公顷。其中待整理园地山坡地面积 12553.37 公顷，新增耕地面积 10042.70 公顷，主要分布在东华、桥头、石牯塘、石灰铺和青塘等镇；未利用地开发面积 2055.15 公顷，新增耕地面积 1233.09 公顷，主要分布在东华、白沙、石牯塘、浛洸和桥头等镇。

2.土地开发整理区的划分

为了统筹安排市域内耕地后备资源的开发利用，引导土地开发整理方向和结构，实现土地开发整理长远目标，在土地开发整理潜力调查、分析和评价的基础上，依据土地开发整理潜力的大小及分布情况，按照土地开发整理区域划分的原则和方法，以乡镇为单元，英德市共划定 5 个土地开发整理重点区域，其中土地整理区 1 个，土地综合开发整理区 4 个。

（1）英东盆地土地综合开发整理区

本区位于英德市英东盆地翁江流域，包括东华镇、横石水镇、桥头镇、青塘镇和白沙镇 5 个镇，区域总面积 112684.44 公顷，占全市总面积的 20%。该区发展较好，是本市的主要耕地分布区，现状用地中建设用地所占比重相对较高。

各乡镇开发整理潜力较大。通过土地开发整理可补充耕地 6402.21 公顷，占全市规划总目标的 56.78%。土地开发整理方向以山坡地整理和未利用地开发为主。

（2）英西盆地土地综合开发整理区

本区位于英德市英西盆地，包括石牯塘镇、浛洸镇和石灰铺镇3个镇，区域总面积79545.53公顷，占全市总面积的14.12%。该区也是本市的主要耕地分布区，耕地后备资源相对比较丰富。各乡镇开发整理潜力较大，通过土地开发整理可补充耕地3016.06公顷，占全市规划总目标的26.75%。土地开发整理方向为园地、山坡地整理和未利用地开发。

（3）北江河谷平原土地综合开发整理区

本区位于英德市英中盆地北江河谷平原地区，包括横石塘镇、望埠镇和英红镇3个镇，区域总面积62788.16公顷，占全市总面积的11.14%。本区经济发展水平较高，是建设用地和优质园地的主要分布区。全区通过土地开发整理可增加耕地面积937.08公顷，占全市规划总目标的8.31%。土地开发整理以山坡地整理和未利用地开发为主，其中未利用地开发比重相对较大。

（4）大湾—西牛山间盆地土地综合开发整理区

本区包括大湾镇和西牛镇两个镇，耕地后备资源多分布于贯通两镇的西北—东南向山间狭长形盆地。区域总面积62717.66公顷，占全市总面积的11.13%。本区农业生产水平较高，土地利用现状以林地为主，园地比重很低。全区开发整理潜力合计为387.67公顷，占全市规划总目标的3.44%。土地开发整理方向为山坡地整理和未利用地开发。

（5）西部石灰岩盆地土地整理区

本区位于英德市西部的石灰岩盆地地区，包括黄花镇和九龙镇两个镇，区域总面积42105.06公顷，占全市总面积的7.47%。本区自然耕作条件相对较差，土地利用现状中林地比重较高，建设用地比重较低。各乡镇开发整理潜力较小，通过土地开发整理可增加耕地面积325.27公顷，占全市规划总目标的2.88%。土地开发整理方向以园地、山坡地整理为主，其中园地整理比重较其他区域而言相对较高。

4.项目安排

在土地开发整理潜力分布的基础上，本着增加有效耕地面积、提高耕地生产能力及改善农村生产生活条件的目标，按照集中连片、因地制宜、先易后难，以社会效益、生态效益为主兼顾经济效益的原则进行项目安排。其中，经济支持力强，土地开发整理潜力级别高，有项目工程组织准备的地区优先安排在近期实施；整理潜力较小，经济发展较落后地区则安排在远期实施。总体上，以乡镇为单位，对英德市土地开发整理项目做不同时序安排。

为保证规划目标的实现，本次规划共设置了110个土地开发整理项目，项目总面积14608.53公顷，新增耕地面积11275.79公顷。其中园地、山坡地整理项目33个，未利用地开发项目7个，开发整理综合项目70个。

规划近期完成土地开发整理项目28个。其中，园地、山坡地整理项目5个，未利用地开发项目0个，开发整理综合项目23个。项目主要分布在东华镇、石牯塘镇、白沙镇、桥头镇、青塘镇、石灰铺镇、英红镇、西牛镇、浛洸镇。

规划远期完成土地开发整理项目82个。其中，园地、山坡地整理项目28个，未利用地开发项目7个，开发整理综合项目47个。项目主要分布在东华镇、横石水镇、石灰铺镇、桥头镇、浛洸镇、望埠镇、沙口镇、九龙镇。

（四）投资及效益分析

1.投资估算

根据英德市历年已验收项目投资水平，参考全国土地开发整理规划投资测算标准、清远市开发整理规划投资测算标准等，确定英德市各类型开发整理新增耕地单位面积投资标准。考虑到远期各项投入成本的增加，近期、远期投资额度有所不同，总体上包括土地平整工程费、农田水利工程费、田间道路工程费、农电工程费等几类费用，估算英德市土地开发整理共需要投入9.29亿元。其中，园地、山坡地整理补充耕地投资额为8.57亿元，占总投资的92.25%；未利用地开发投资额为0.72亿元，占总投资的7.75%。

2.资金来源

目前，最直接用于全市土地开发整理的资金主要有新增建设用地有偿使用费和耕地开垦费，省财政专项资金，除此以外，可用于土地开发整理投入的资金还有相关税费、农业及水利方面的投资、社会投资和金融机构融资等。

（1）新增建设用地有偿使用费

新增建设用地有偿使用费是指国务院或省级人民政府在批准农用地、征用土地时，向以出让等有偿使用方式取得的新增建设用地的县、市人民政府收取的平均土地纯收益。新增建设用地土地有偿使用费30%上缴中央，70%上缴地方政府，专项用于耕地开发整理。

根据《英德市土地利用总体规划》可知，在规划期间，英德市新增建设用地占用农用地将控制在5544公顷，新增建设用地土地有偿使用费征收标准平均为28.00万元/公顷。规划期内，新增建设用地土地有偿使用费测算结果为：5544公顷×28万元/公顷×70%＝10.87亿元。

（2）耕地开垦费

《土地管理法》和《基本农田保护条例》都规定，非农业建设经批准占用耕地的，按照"占多少，垦多少"的原则，开垦与所占耕地数量和质量相当的耕地或按规定缴纳耕地开垦费，专款用于耕地开垦。

根据《英德市土地利用总体规划》可知，在规划期间，英德市新增建设用地占用耕地将控制在3002公顷，依据英德市耕地开垦费标准15万元/公顷测算，如果足额收缴，2020年可以累计征收4.50亿元。

（3）省财政专项补助资金

《广东省补充耕地省级补助资金管理暂行办法》第二十条规定，省财政厅设立补充耕地补助资金，省财政共安排40亿元，对2008年1月1日之后已由地级以上市国土资源、农业、林业部门核发补充耕地验收函的市县级开发整理项目的新增耕地，采取以奖代补方式，按每公顷3万元的标准给予补助。

（4）其他筹资途径

除上述途径外，可用于土地开发整理投入的资金，还有相关税费、农业及水利方面的投资、社会投资和金融机构融资等。通过完善有关政策，可以鼓励集体资金、社会资金参与投资，进一步扩大资金来源。

3.效益分析

（1）经济效益评价

①规划期内土地开发整理总投入为 9.29 亿元。

②通过土地开发整理可新增耕地面积 11275.79 公顷。

目前，英德市粮食作物与经济作物的种植面积之比大致为 7∶3，考虑到英德市今后农业结构调整的要求，预估粮食作物与经济作物的种植面积之比将会调整到 6∶4。

（3）投入产出比=总投入/年收益=9.29 亿元/1.79 亿元=5.18∶1。

（4）假定项目的平均建设年限为 3 年，静态投资回收期=总投资/年收益+项目平均建设期限=9.29 亿元/1.79 亿元+3=8.18 年。

（2）社会效益评价

①增加粮食产量，促进农业现代化转变

通过土地开发整理，将使现有农田成为"田成方、路成框、林成网、旱能浇、涝能排"的高标准农田，对促进传统农业向现代农业转变具有重要作用。土地开发整理带来了现代化的农业生产模式和经营观念，改善了农业生产条件及农村交通条件，节约了农业生产成本，增加了可利用土地的面积，从而增加了粮食产量。

②有效缓解人地矛盾，保障社会经济快速发展

目前，英德市正处于社会经济发展的关键时期，工业化、城镇化速度不断加快，极大地促进了建设用地需求，同时日益突出的用地矛盾也带来了严峻的挑战。进行土地开发整理，增加耕地面积，提高耕地利用率和生产能力，弥补耕地非农占用的缺口，能有效地缓解人地矛盾，保障社会经济的快速发展。

③带动相关行业的发展

由于农业资源优势显著，农副产品加工业一直是本市重要的传统工业。进行土地开发整理，扩大农业规模，将有效带动农业及相关产业的全面发展，从而增加就业岗位，为农村劳动力的转移提供有利条件，进而促进了乡镇企业及第三产业的发展，这对于农村经济社会的全面发展来说，具有重要的现实意义，

并且有利于社会的繁荣稳定。

（3）生态效益评价

①规划实施对生态环境的有利影响

1）实施土地开发整理前，相关人员应对耕地后备资源进行宜耕评价，做到宜耕则耕、宜园则园、宜林则林，重新建立一个合理的生态系统，创建和谐的生态环境。在土地开发整理的过程中，水土保持方案的实施与生态环境的整治、保护和建设应同时进行。一定的生物措施、耕作措施和工程措施，将进一步改善市域内水土保持、水源涵养和防旱抗涝条件，在一定程度上稳定生态环境，改善水土结构和田间小气候，提高土壤肥力，创造良好的作物生长环境。

2）规划实施可以改善地表景观，提高生态功能。改造低效园地、山坡地，开发荒草地和滩涂，提高了植被覆盖率，不仅大大改善了地表景观状况，而且对防治风沙和水土流失起到了很好的作用。此外，田、水、路、林的合理布局，有利于构建整齐划一的标准化农田，农田林网错落有致、田间道路与灌排渠道纵横交错，达到了很好的生态美学效果。

②规划实施对生态环境的不利影响

1）英德市土地开发整理面临的最大生态环境风险是，如果园地、山坡地整理利用不当，将会破坏当地的生态平衡。由于规划整理的园地、山坡地多具有一定坡度，若不注重防护，过度改造为耕地，则有可能引发水土流失问题，造成生态环境退化。这些影响若在整理过程中能够得到有效重视，可以通过坡改梯，实施农果、农林间作等综合治理措施进行防治，不仅不会对生态环境造成威胁，还能有效改善整理区及周边地带的生态环境。

2）土地开发整理活动对环境的另一主要影响是工程施工的影响。施工过程中产生的废水、废气、废油、扬尘、弃渣、噪声等，会对当地环境、人群健康产生一些不利影响。以上不利影响程度比较轻微，并且多为局部性、暂时性影响，可以通过加强施工管理得降低影响，并会随施工活动的结束而消失。

③综合评价结论

土地开发整理过程，同时又是实施水土保持方案、进行生态环境整治、保护和建设的过程。此次规划以不破坏生态环境为前提，并将保护和改善生态环境作为制定和实施规划的指导思想和基本原则。在经过科学合理的适宜性评价和可行性分析后，此次规划所确定的土地开发整理规划方案对生态环境的影响总体是利大于弊，生态环境效益显著，不利影响可通过生物措施和工程技术措施进行减免，改善农田生态环境和居民生活环境。

④改善和保护生态环境的对策措施

1）保持土地生态平衡是开展土地开发整理工作的前提。无论是园地山坡地整理，还是未利用地开发，都要事先做好生态环境适宜性评价、目标可行性研究和项目论证，然后再组织实施，并注重农田基本设施的配套，建立严格的环境风险责任制，将环境维护、修复和补偿成本纳入工程项目预算。

2）在土地开发整理过程中，坚持生物措施与工程措施相结合、传统方法与现代技术相结合，恢复及改善因采掘而遭到破坏的生态环境，避免因开发整理不当而引发新的水土流失、土地沙化、环境污染、生态失调等问题。杜绝一切盲目追求眼前利益的行径，力求建立良好的"自然—空间—人类"可持续发展系统。

3）推行现代化农业，创建高效生态农业示范园区。利用物质循环与能量转换原理，发展高效生态农业，构建大的生物循环圈，实现农业生态系统的良性循环，以保证土地的永续利用和资源的循环增值。

第四节　测绘技术在城市土地规划和管理中的应用

一、测绘技术在土地规划中的作用

（一）精确排查，有利于了解土地资源状况

当前，城市土地用地呈现集约化、多元化的特点，城市建设进程较快，土地利用格局发生了较大变化。精准有效地摸清各地城市土地资源状况是首要任务。传统的土地调查方法大多依靠人力来完成，较为粗放，不适应集约化的需要，且精准度不够高。以 3S 集成技术、虚拟参考站等为代表的新型测绘技术，则能够快速、高效、精准地对区域土地资源状况进行摸底，并能快速成像、直观显示和动态监测，实时、精准了解区域土地资源状况。

（二）科学规划，有利于实现土地资源价值

人多地少是我国土地资源的基本特征，而快速推进的城镇化建设对于土地的需求较高。因此，科学合理的土地资源规划显得尤为重要，测绘技术的应用也十分重要。测绘技术可以通过土地的区域位置、价值成分、布局情况等进行规划，通过测绘技术收集和处理土地信息、图像资料、数据等，进而通过测绘地理信息技术构建分析模型，建立土地资源分布模型，并进行优化整合和科学设计，确保区域土地资源价值得到最大限度的利用。

（三）合理定界，利于促进土地精准勘察

在城市建设中，土地征收和规划利用的前提是土地勘测定界，合理确定土地利用范围，清晰界定土地位置。现代测绘技术依托 GPS 和 PTK 等技术手段实现精准定位，辅之以航拍等技术实现对土地范围的清晰界定，从而精确地获取土地特点、土地面积等信息，为后续的使用提供依据。

（四）依据执法，利于支持土地执法巡查

当前，在土地利用过程中还存在违法占用耕地、未批先建、擅自变更土地性质等方面的违法违纪情况。而且，土地执法往往因为信息不对称导致发现难、处置难等问题。测绘技术能够较好地解决这一难题。一是可以精准摸排土地资源状况及使用情况，了解土地开发利用现状；二是可以通过 GPS、RS、GIS 等技术手段实现对土地的动态监测和巡查；三是可以通过信息技术手段留存相关数据、档案、监控过程，作为土地执法的有力依据。

二、测绘技术在城市土地规划与管理中的应用策略

（一）遥感技术的应用

遥感技术在土地规划与管理中发挥的作用和优势非常明显。遥感技术的主要作用是测量、分析和判定。同时，遥感技术在地理信息测量工作中具有范围更大、成像速度更快等多方面优势，在信息的收集工作中，整个测量工作不需要和目标物直接形成接触，即可实现对目标区域展开测量信息收集工作。

遥感技术在实时监控土地资源管控过程中，发挥的作用、优势非常明显。在遥感技术的实际使用工作中，主要包含以下几个工作流程：

（1）需要为其提供出相应的航片以及位置片等遥感信息，经过进一步处理工作后，自行制作出比较抽象的 4D 产品，并将地图和专业图件之间进行有效转化。

（2）针对土地资源的构成情况展开实时性监测以及动态监控工作，可以有效反映出撤回区域土地资源的环境动态变化情况。(3 通过使用遥感信息技术，可以有效传递出土地资源的环境信息情况，针对测绘区域的土地变化、空气污染情况以及气流变化等各种因素进行全面检测和分析。

遥感技术在土地规划与管理工作中，发挥的作用也非常明显，主要表现在以下几个方面：

（1）遥感技术在使用过程中，可以在较短的时间范围内有效获取测绘区域大量的土地资源信息，其中包含各种土地资源分布位置信息等。

（2）遥感技术和现代化计算机技术之间有效融合，可以以土地规划管理工作软件平台为基础，充分发挥遥感影像数据信息的工作优势，建立更科学、完善的数据库，实现随时调取土地资源的规划管理工作信息，方便后续的土地资源管理以及提高土地资源的管控工作效率。

（二）GPS 技术的应用

全球定位系统主要的工作优势表现在，可以为土地规划管理工作提供更加精确的空间信息内容。GPS 在实际应用工作中，主要经历以下几个工作流程：

（1）通过使用 GPS，可以输出高精度的土地勘察工作信息。

（2）通过施工单位精准的载波相位分析技术，可以实现对测绘区域的目标进行准确定位和划分。

（3）通过更加科学准确的信息测量以及定位技术的使用，可以实现对土地环境的有效测量和控制，提高整体的输出工作精确度。同时，通过获取各个不同地理位置的相关信息，可以为土地规划工作提供必要的支撑。

GPS 在实际应用工作中，主要包含以下几个方面的工作优势：

（1）随着北斗系统的有效运用，可以进一步提升我国 GPS 定位系统的水平。在测量工作过程中提高数据参数精确度，可以为土地资源的测绘和规划工作打下良好的基础。

（2）GPS 相关测量设备体积较小，工作人员的携带更加简单，可以进一步提高土地测绘工作的便捷程度和稳定性。

（三）GIS 技术的具体应用

GIS 技术在实际应用过程中，可以先对测绘区域范围内的环境、空间条件特点展开全面信息收集和查询，以保证信息的实时性输入运算以及各种操作。

GIS 技术在城市土地资源的规划和土地资源管理工作中，发挥出的作用与优势非常明显，更加偏向于动态化的查询功能。一方面，GIS 技术的有效应用，为我国土地信息相关数据储存和使用提供了重要途径；另一方面，利用电力信息技术所具备的空间分析工作能力，以及对数据的科学快速计算能力，对该区域范围内的地理信息展开更加专业和精确的测绘分析工作，可以为土地资源的整体规划工作提供必要的专业基础，全面实现规划、决策的参考工作。

GIS 技术在土地规划与管理工作中的应用效果非常明显，重点表现在以下几个方面：

（1）GIS 技术在实际应用过程中，主要是以信息集成载体为主，将各种不同类型的土地资源信息根据不同的性质分类、划分，进一步提高土地资源信息的综合使用率，同时，进一步提高各种资料信息的综合判断和分析工作质量。

（2）GIS 技术在实际工作过程中，主要是以计算机系统作为载体，有效建立更加科学、完善的土地规划信息数据库，帮助相关工作人员随时查阅各种不同类型土地信息内容，进一步提高城市内部土地资源管控和管理工作的效率以及科学性。

三、完善测绘技术在土地规划和管理中应用的建议

（一）科学有序规划，注重先进技术使用

人地矛盾一直存在，如何高效地做好土地资源规划和管理，对于经济社会发展而言具有重大意义。土地资源规划和管理是一个复杂、系统、动态的过程。单纯依靠传统的方法并不能达到很好的效果，而测绘技术的发展则提供了较大便利。如 GPS、GIS、RS 等技术的发展，可以较好地运用于土地资源规划和管理中，帮助政府部门做好土地调查、规划设计、勘察、执法等工作。现代测绘技术为土地资源规划和管理提供了土地自然资源条件、经济社会发展背景等的监测依据，同时能够保障获取土地基础信息的准确性，并利用技术模型进行科学规划，使土地资源规划和管理工作获得较好效果。

（二）持续合理投入，确保测绘技术的发展

当前，各地对测绘技术的重视程度不一、投入不一。有些地方发展较慢，严重制约了测绘技术的应用和推广。测绘技术对于地方经济发展而言，既是重要的推动力，又是新的增长点，其应用前景广阔、价值较大。因此，对于各地政府来说，一是要加大财政投入，扶持测绘技术的发展；二是要加快产学研合作，促进测绘技术的实际应用，加快实现市场化；三是要集聚人才，激发测绘技术发展的人才支撑。人才是产业发展的关键，更是技术转化的重要推动力，因此必须强化人才吸引、培养和使用机制，激发内生动力，夯实发展基础。

（三）精确动态管理，保障信息数据的实时共享

当前，土地资源规划和管理的难题是信息收集和处理，体现为信息不对称。特别是在传统的管理模式下，这一难题更为显著。利用测绘技术，充分发展测绘大数据，建构从信息收集、处理到共享的大数据平台，能够有效地解决这一问题。因此，相关人员必须高度重视测绘技术的发展，打破信息鸿沟，打通信息共享"最后一公里"，才能实现土地资源规划和管理的精确化、动态化，确保信息技术的发展服务于土地资源规划和管理工作。

参 考 文 献

[1]包胜，方玄略，卜航栋. 三维激光扫描技术在工程建设中的应用研究[J]. 施工技术（中英文），2024，53（5）：1-10.

[2]陈红齐，吴益新. 北斗导航及 GPS 技术在航海定位中的应用[J]. 设备管理与维修，2019（12）：225-227.

[3]陈榆. GPS 定位技术在城市控制测量中的应用探析[J]. 智能城市，2019，5（17）：95-96.

[4]蔡亚军，万隆君. 浅析 GPS 技术在船舶定位中的应用[J]. 信息记录材料，2018，19（5）：110-112.

[5]杜文翔. 北斗导航及 GPS 技术在航海定位中的应用[J]. 中国水运，2021，（11）：105-107.

[6]丁锐，谢骏锴. 3S 技术应用现状与发展趋势[J]. 科技创新与应用，2019（14）：174-175.

[7]李国钊.GPS-RTK 定位技术在某公路工程中的应用研究[J]. 山西建筑，2023，49（11）：181-184.

[8]李涛. 测绘地理信息技术在国土空间规划中的应用分析[J]. 工程建设与设计，2023（08）：89-91.

[9]刘俊洋.3S 技术的发展与智慧农业[J]. 电子技术与软件工程，2019（07）：156.

[10]孟倩. 遥感技术在林业资源调查及监测中的应用研究[J]. 河南农业，2023（32）：42-44.

[11]麦智蕴. 测绘地理信息技术在国土空间规划中的应用[J]. 智能建筑与

智慧城市，2022（12）：75-77.

[12]苏永奇，石嵩云，高辰晶. 测绘技术与土地资源规划[M]. 长春：吉林科学技术出版社，2022.

[13]佟彩，吴秋兰，刘琛等. 基于3S技术的智慧农业研究进展[J]. 山东农业大学学报（自然科学版），2015，46（6）：856-860.

[14]武丰雷，李超，杨学峰. 测绘技术与城市建设[M]. 天津：天津科学技术出版社，2022.

[15]吴珊. 测绘地理信息技术在土地规划管理领域的应用研究[J]. 湖北农机化，2019（16）：56.

[16]刘军平，周红英，李元隆等. 卫星遥感技术在矿权管理中的应用[J]. 中国石油勘探，2023，28（6）：105-113.

[17]王冬梅. 遥感技术应用[M]. 武汉：武汉大学出版社，2019.

[18]王灵锋，祁敏敏，许烨璋等. 三维激光扫描技术在水利工程安全鉴定中的应用[J]. 测绘通报，2018（12）：156-158.

[19]王楠，丁宁，邢宏等. 三维激光扫描技术在海岸工程测量中的应用[J]. 海洋湖沼通报，2016（5）：16-20.

[20]王桂平. 3S技术在防洪减灾工作中的应用[J]. 治淮，2020（3）：59-61.

[21]徐成业，汤玉兵，马玉江. 测绘工程技术研究与应用[M]. 北京：文化发展出版社，2021.

[22]许强，郭晨，董秀军. 地质灾害航空遥感技术应用现状及展望[J]. 测绘学报，2022，51（10）：2020-2033.

[23]余培杰，刘延伦，翟银凤. 现代土木工程测绘技术分析研究[M]. 长春：吉林科学技术出版社，2020.

[24]闫莉，胡铁柱，胡崇然. 3S集成技术在林业发展中的应用[J]. 黑龙江科技信息，2015（10）：285.

[25]杨创，李聪聪，万余庆. 遥感技术在煤矿山环境监测评价中的应用[J]. 中国煤炭地质，2022，34（7）：61-66.

[26]袁楠，高伟，侯聪毅. 三维激光扫描技术在文物保护中的应用研究与进展[J]. 天津城建大学学报，2019，25（1）：65-70.

[27]杨培，苑亚丽，李东哲. 测绘地理信息技术在土地规划和管理中的应用研究[J]. 城市建设理论研究（电子版），2023（33）：154-156.

[28]张兴源. 遥感技术在农业生产中的应用[J]. 农业科技与信息，2023（8）：35-38.

[29]张丽，杨国范，刘玉机. 3S 技术在水污染测报和应急处理中应用研究进展[J]. 吉林师范大学学报（自然科学版），2016，37（2）：152-156.

[30]张兰. 测绘地理信息技术在城市土地规划和管理中的应用分析[J]. 城市建设理论研究（电子版），2024（8）：10-12.